吕老师的
甜点日记
吕升达 著
幸福如明月
甜點即星辰
Edison Lu
U0214554
海峡出版发行集团
THE STRAITS PUBLISHING & DISTRIBUTING GROUP
福建科学技术出版社
FUJIAN SCIENCE & TECHNOLOGY PUBLISHING HOUSE

作者序

“如果再让你选择一次，你还会想要做甜点吗？”我时常被问到这样的问题，但脑海里回荡的永远是同样的答案。

为了让顾客吃到他们真正该吃到的那些，坚持并确认别人并不在意的细节，即使自己的要求和标准造成不必要的问题与困扰，我依然无悔于自己的选择——“是的，我还是要做个甜点师傅。”

相较于教学和实务操作，写作对我而言是全新的尝试和挑战，即使是在自身的专业领域。释放自己所拥有的知识和专业，再以简单的步骤与文字介绍给喜欢烘焙的朋友，我所面对的已不是单纯的配方，而是众多烘友们热切的期望。

在出版市场并不景气的年代，能够再版实属不易，我再次全神贯注于其中，任何瑕疵都不能放过。全新的排版，再辅以知识的提供、小技巧的提点，以及疑难的解惑，我希望它不仅只是一本烘焙书，而是一件在甜点的世界里帮助梦想成真的魔法工具。

这个时代，屡屡发生的食品安全问题让消费者渐渐失去“吃得健康、买得安心”的信心，我希望借由这本书，带领新手或是专业的朋友，朝着“简单、天然、手作、美味”的方向前进。我为“诚实而可口的甜点”全力以赴，强调不脱离基本、朴实又亲切的做法，并且努力开创独特性。期待读者们能够通过这本著作，做出质感丰厚、闪耀自信光泽、滋味令人难以忘怀的动人甜品。

感谢在初版即给予我支持鼓励的读者朋友们，谢谢大家的不吝指教，谨以此书献给所有爱烘焙的人。

编者注：本序言为本书繁体字版本的再版序言。

西川正史（微风广场）

与吕升达先生相识的机缘很微妙，当时他在微风广场开设柿安口福堂，一个约莫三十岁的中国台湾籍员工，全身却充满了日本传统制果师傅特有的霸气。即使拥有深厚的功力，但他积极学习的精神着实令人赞许。“在细微之处坚定他人所忽略的，在客潮不断中依然坚守质量”，这就是吕升达，一个在烘焙界硕果仅存、难得的好师傅。我愿意将本书推荐给喜好甜点的所有朋友。

2016.1.6.

李依锡(Le Ruban Patisserie——法朋烘焙甜点坊负责人)

第一次与升达认识是在一个讲习会上，此后每一次听见他的消息都是关于他的进步跟成长，从编写博客将烘焙理论毫不藏私地与大家分享，在学校担任烘焙教师培育许多优秀烘焙选手，到现在巡回台湾大大小小烘焙教室担任讲师，分享自己对烘焙的独到见解，升达是我认识的在烘焙业界里不断要求自己最严格的职人之一，每隔一段时间的成长都让烘焙朋友惊艳。让我们一起从这本书中探索升达带给大家的惊艳吧！

李冠儒师傅（晶华酒店点心房）

过去在口福堂工作时，那个令人敬畏的店长就是吕升达，一起共事的日子里，我深刻地感受到他对工作的坚持，还有那份异于常人的坚毅。在甜点的制作方面，吕老师的眼里容不下半点疏失，升达时常告诫下属，必须扎实地做好每一个步骤，因为任何一个动作都会反映在成品之上。很荣幸能协助并参与本书的建构，相信读者一定能从字里行间，体会出吕老师特有的职人精神。

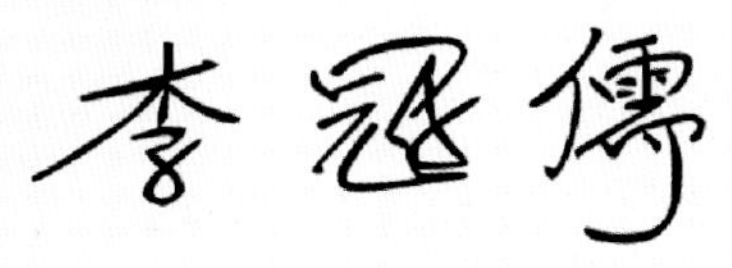

目 录

烘焙模具

法式塔圈模

活动派盘

玛德莲贝壳蛋糕模（小）

6 英寸（15 厘米）深塔模

3 英寸（7.6 厘米）中空模

玛德莲贝壳蛋糕模（迷你）

空心咕咕霍夫模

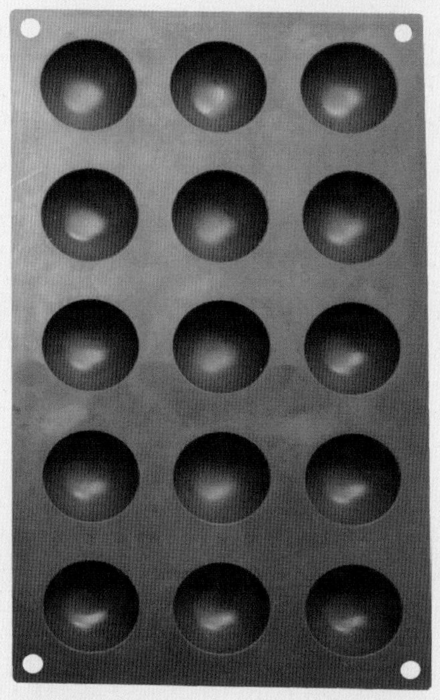

15 连半球型硅胶模

日本制细长
磅蛋糕模

日本制磅蛋糕模

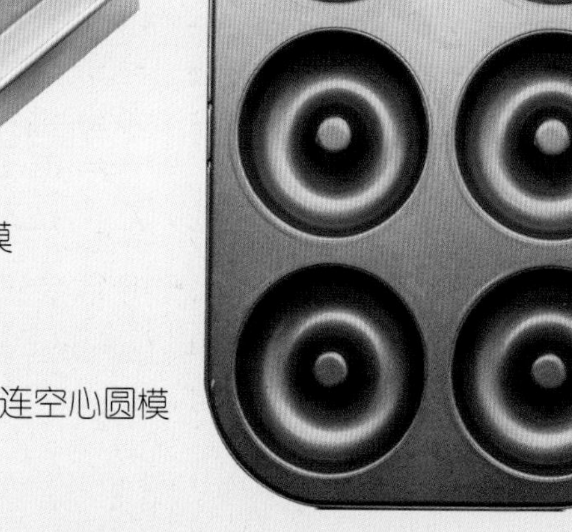

6 连空心圆模

食材

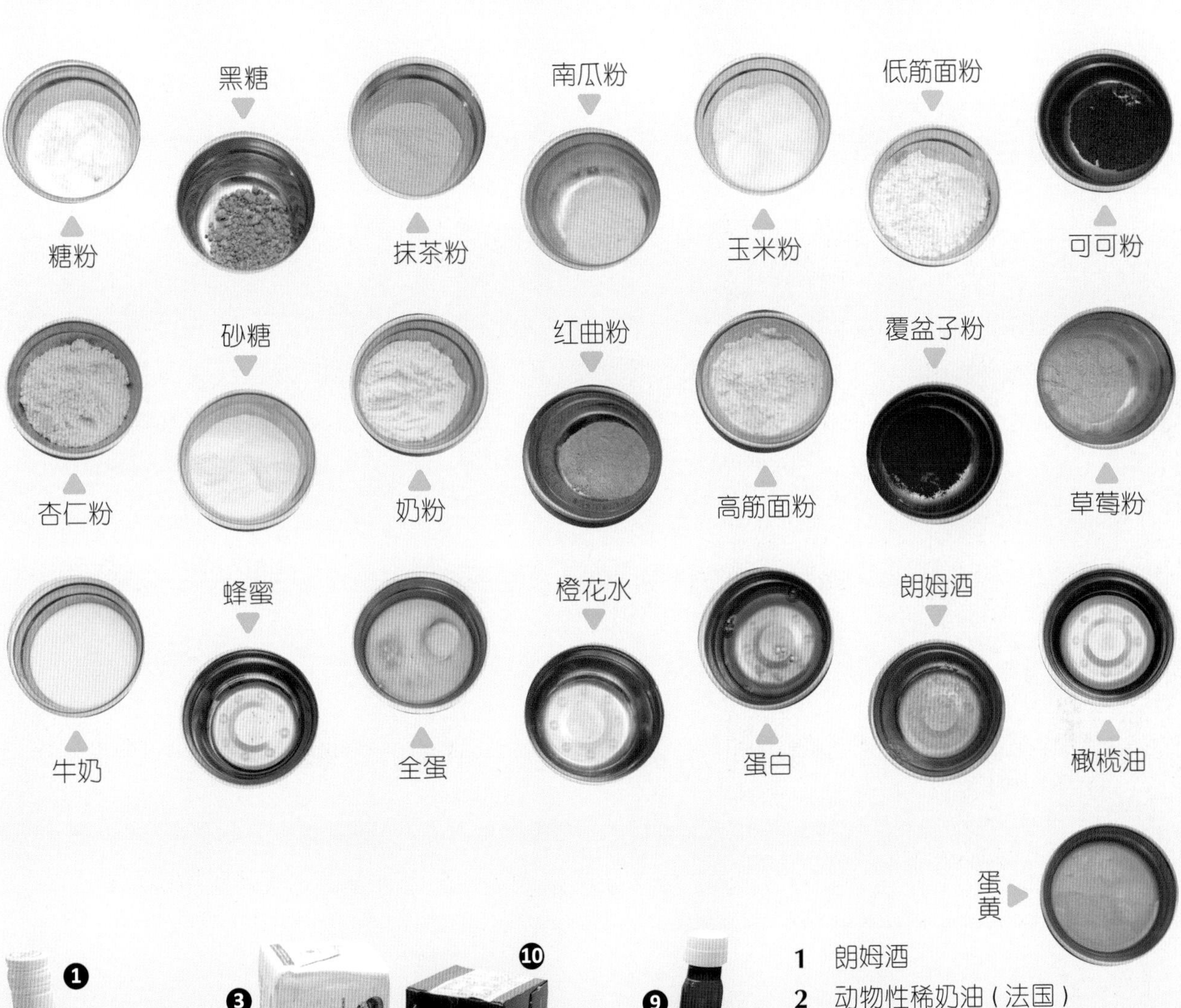

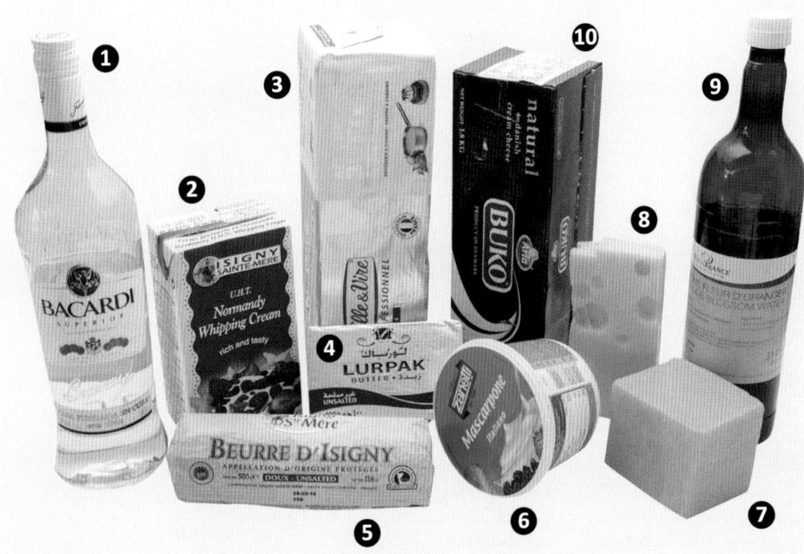

1 朗姆酒
2 动物性稀奶油(法国)
3 发酵黄油(法国)
4 无盐黄油(丹麦)
5 无盐发酵黄油条(AOP，欧盟产区限定)
6 马斯卡彭奶酪
7 切达奶酪
8 艾蒙塔奶酪
9 橙花水
10 布克奶油奶酪(丹麦)

注：奶酪也称乳酪、芝士。有些品种更常被称为芝士，如“马斯卡彭芝士”。

基础技巧（前置作业）

泡软吉利丁片

吉利丁片泡冰开水静置20分钟，挤干水分后封好保鲜膜冷藏备用。

1

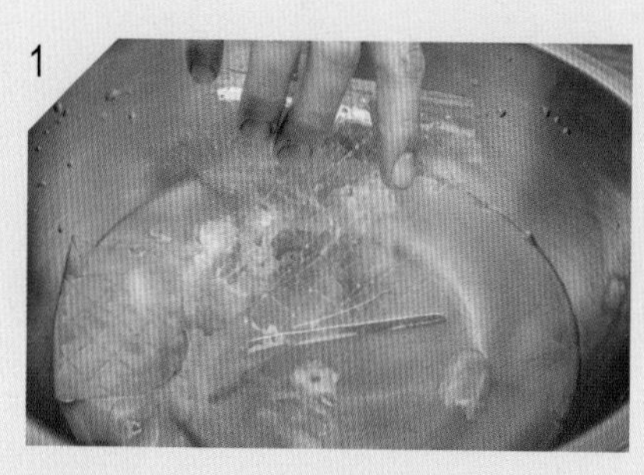

2

吕老师知识+

吉利丁片为何需要泡冰水还原？因为吉利丁片是由猪骨、鱼骨等提炼出来，而干燥的蛋白质呈现凝固的状态，所以必须用水来还原它原本的胶性，同时，吉利丁的融点极低，最好用冰水来还原。冰水的浸泡时间以15~20分钟为宜，必须让干燥的吉利丁吸饱水分，蛋白质的胶性才会还原，浸泡的重点要留意每一片吉利丁都必须完全地浸湿，彼此之间要相隔开来，因为胶质会相互抓黏，易导致中间干燥的部分没有完全浸濡。

而吉利丁使用时，则是在拧干后配合配方的需要来应用，特别要注意的是，拧干后的吉利丁，冷藏保存时间不可超过30分钟，否则又会趋向干燥。

取香草籽

1 将香草荚对切。

2 一手压住香草荚一头，另一只手用刀片顺势取下香草籽。

1

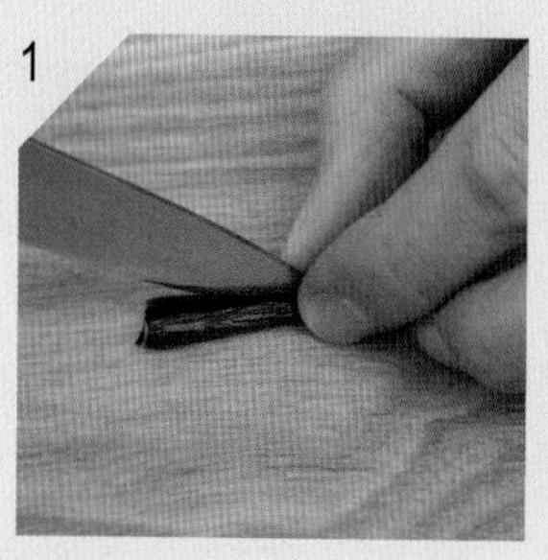

2

3

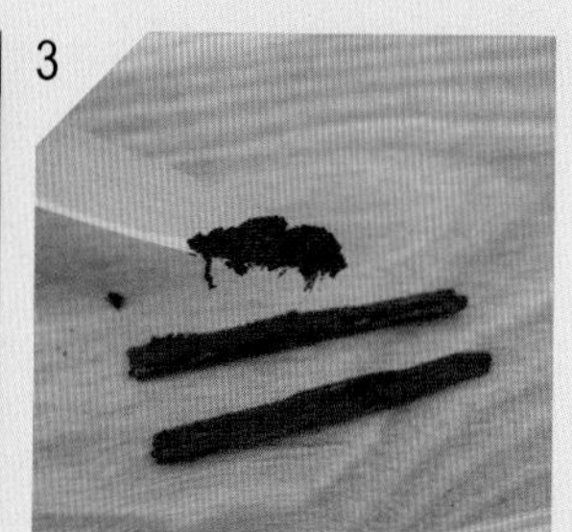

面粉过筛

面粉、纯糖粉、泡打粉使用前都须过筛。目的是让粉料蓬松，便于混合均匀。

融化巧克力

1

2

将巧克力放入锅内，隔水加热融化。

合成巧克力酱

1 将动物性稀奶油加热至沸腾 (图 2)。
2 冲入苦甜巧克力中 (图 3)。
3 搅拌均匀即可 (图 4、5)。

1

2

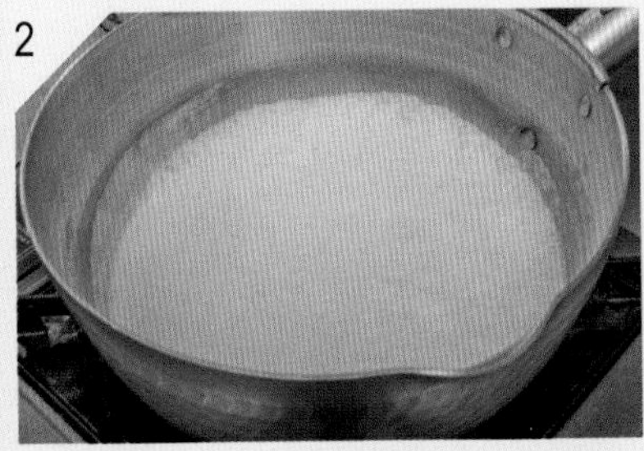

3

4

5

准备塔皮料

1 将无盐黄油、砂糖、盐搅拌至稍发（图 1、2）。

2 再加入蛋黄搅拌均匀（图 3）。

3 再加入稀奶油搅拌至光滑（图 4、5）。

4 加入过筛的面粉搅拌均匀（图 6、7、8）。

5 最后放入塑料袋内压平冷藏备用（图 9、10）。

果酱 采用当季阳光和水充分

滋润过的新鲜水果，加上砂糖及海藻糖，以健康、自然、无添加香料的制作过程，熬煮出的手工果酱，是最自然幸福的好味道。

草莓果酱
蓝莓果酱
猕猴桃果酱
菠萝果酱

材料

草莓果酱材料

草莓	600g
砂糖	200g
海藻糖	100g
柠檬汁	30g

菠萝果酱材料

菠萝	600g
砂糖	200g
海藻糖	100g
柠檬汁	30g

猕猴桃果酱材料

猕猴桃	600g
砂糖	200g
海藻糖	100g
柠檬汁	30g

蓝莓果酱材料

蓝莓	600g
砂糖	200g
海藻糖	100g
柠檬汁	30g

难易度：★★
份量：1 罐 300 克
保存：常温下保存 30 天 (未开封)。冷藏保存 60 天 (未开封)。新鲜果酱开封后请于 1 星期内食用完毕
器具：玻璃罐

提示

海藻糖是从海藻中所提炼出来的优质糖类，十分安全可靠，糖度低、保湿性好，是健康新选择。

吕老师知识 +

糖类能形成渗透压，在与新鲜水果一同腌渍的过程中，糖会替换出果物内的水分，同时促进果胶的溶解。静置的步骤不但使果胶的性质较容易释放，也可减少熬煮的时间。

制作方法

1 将瓶子和盖子先放进滚水中加热 5 分钟，取出后倒扣沥干，冷却备用（图 1）。

2 预先将水果和砂糖、海藻糖、柠檬汁拌匀，冷藏 1 晚备用（图 2、3）。

3 熬煮过程中需捞起浮泡和杂质，熬煮 40~60 分钟，至喜好的浓稠度即可（图 4、5）。

4 装填入已经消毒并且冷却的罐子中，盖上瓶盖倒扣 20 分钟，再直立放置到冷却即可（图 6、7、8）

提示

❶ 果酱的基本做法都相同，事前把水果切块处理备用。

❷ 菠萝、猕猴桃去皮处理，制作果酱只取果肉的部分。

❸ 菠萝切丁前要先把中心的硬梗去除掉。

❹ 份量增多，熬煮的时间就必须相对延长。

范例：菠萝果酱

喵咪棉花糖

猫咪优雅的步伐烙印在地上的痕迹，令人感觉暖心，
那粉嫩的小肉掌，你舍得咬一口吗?
轻软弹牙又入口即化的绵密口感，是我们记忆中专属于棉花糖的滋味。
要想与家中小宝贝一同温习童年的记忆吗?
那就来做喵咪棉花糖吧!

难易度：★★

份量：50 个

保存：常温 7 天，冷藏 14 天

吕老师知识+

制作棉花糖时，如果凝结的速度太慢，导致棉花糖体吸收过多的粉类，底部与玉米粉接触的地方，就容易产生结皮现象。修正的方法是尽量降低棉花糖本体的温度，可将玉米粉先行冷藏再使用，或是将棉花糖完成后再放入冷藏稍微降温，这样都能加快凝固的速度，增加成功率。

材料

吉利丁片	6 片	蜂蜜	30g
新鲜蛋白	100g	水	80g
砂糖 A	40g	玉米粉	适量
柠檬汁	10g	食用色素	适量
砂糖 B	200g		

制作方法

1 先将玉米粉铺平在盘子中，并用鸡蛋压出形状(图 1)。吉利丁片泡冰开水静置 20 分钟，挤干水分后封保鲜膜冷藏备用。

2 新鲜蛋白、砂糖 A、柠檬汁，搅拌至湿性发泡(图 2、3)。

3 砂糖 B、蜂蜜、水加热到 113~115℃，缓缓倒入搅拌中的步骤 2(图 4)。

4 继续加入步骤 1 已泡软的吉利丁片，搅拌至光亮(图 5)。

5 待浆料温度降至 45~50℃，稍具流动性（图6），就可以装入挤花袋。【白色棉花糖完成】

6 将浆料依序挤入步骤 1 的凹槽中，使棉花糖呈扁球形状(图 7)。

7 将剩余浆料用红色素染色后，装入挤花袋(图 8)。

8 使用小型的挤花袋制作猫掌棉花糖造型(图 9、10)。

9 完成后静置 3~4 小时，表面均匀洒上玉米粉。最后轻轻将多余玉米粉用毛刷清除(图 11、12)。

饮品的果冻

炎炎夏日，清凉可口的甜品搭配上茶冻是绝妙组合，吕老师教你用简单的方式，做出五星级的饮品果冻，让你也能享用到饭店式下午茶一般的高级饮品。当然，你也可以创造出专属于你的特调果冻，让你的朋友们为之惊艳。

大吉岭奶茶冻

季节水果红酒果冻
白酒苏打水果冻
意式浓缩咖啡冻

白酒苏打水果冻

难易度：★
份量：3 份
保存：冷藏 3 天

材料

白酒	200g
水	200g
砂糖	80g
吉利丁片	4 片

装饰

季节水果	适量
气泡苏打水	150g

制作方法

1. 吉利丁片泡冰开水静置 20 分钟，挤干水分后封好保鲜膜冷藏备用。糖加水与香草荚煮至糖融化（55~60℃），再过滤（图 1、2）。
2. 加入已泡软的吉利丁片（图 3）。
3. 加入白酒（图 4），倒入容器内冷却 1~2 小时。
4. 冷却后放入冰箱冷藏 1 晚，待完全凝结后即可（图 5）。
5. 隔日食用时，将果冻挖入杯子中，再加入气泡水与季节水果即可。

1

2
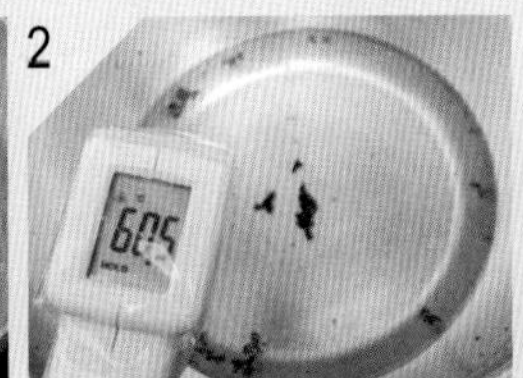

3

4

5

意式浓缩咖啡冻

难易度：★
份量：3 份
保存：冷藏 3 天

材料

浓缩黑咖啡	500g
砂糖	50g
吉利丁片	4 片

装饰

动物性稀奶油	适量

制作方法

1. 吉利丁片泡冰开水静置 20 分钟，挤干水分后封好保鲜膜冷藏备用。将浓缩黑咖啡与砂糖煮至糖融化（55~60℃）。
2. 加入浓缩咖啡与已泡软的吉利丁片搅拌均匀，冷却后放入冰箱冷藏 1 晚，待完全凝结后即可。
3. 隔日食用前淋上动物性稀奶油，风味更加。

大吉岭奶茶冻

难易度：★
份量：3 份
保存：冷藏 3 天

材料

鲜奶	500g
砂糖	50g
大吉岭红茶	5g
吉利丁片	4 片

装饰

动物性稀奶油 适量

制作方法

1 吉利丁片泡冰开水静置 20 分钟，挤干水分后封好保鲜膜冷藏备用。将鲜奶、红茶与糖煮至糖融化 (55~60℃)(图 1、2)。
2 加入已泡软的吉利丁片搅拌均匀，冷却后放入冰箱冷藏 1 晚，待完全凝结后即可。
3 隔日食用前淋上动物性稀奶油，风味更加 (图 3)。

季节水果红酒果冻

难易度：★
份量：3 份
保存：冷藏 3 天

材料

红酒	200g
葡萄汁	200g
砂糖	50g
吉利丁片	4 片
柠檬（切片）	半颗

装饰

季节水果	适量
气泡苏打水	150g

制作方法

1 吉利丁片泡冰开水静置 20 分钟，挤干水分后封好保鲜膜冷藏备用。
2 糖加葡萄汁煮至糖融化，加入红酒与柠檬片加热至 55~60℃（图 1），再过滤（图 2）。
3 加入已泡软的吉利丁片，冷却后放入冰箱冷藏 1 晚，待完全凝结后即可。
4 隔日食用前，将红酒冻挖入杯子中，加入气泡水与季节水果即可。

巧克力奶冻
热带芒果可可奶冻
意式奶冻
覆盆子奶冻

奶冻

奶冻是市场中最受欢迎的点心甜品，本书教大家做出市面上极少见的口味，在新鲜水果的搭配下，奶冻变得好吃又多元！

意式奶冻（原味）

意式奶冻的意大利文名是 Panna Cotta，原意是煮过的稀奶油，雪白的成品口感极为细腻滑嫩。

材料

鲜 奶	500g
砂 糖	70g
动物性稀奶油	500g
吉利丁片	5片

制作方法

1. 鲜奶和砂糖小火煮至 55~60℃，轻轻搅拌至砂糖融化（图 1）。
2. 离火加入泡软的吉利丁片，拌匀至溶化（图 2）。
3. 最后加入动物性稀奶油搅拌均匀（图3）。
4. 装入玻璃罐模型之中，每份 80g（图 4）冷藏 3~4 小时后即完成。

难易度：★★
份量：10 杯
保存：冷藏 5 天
器具：玻璃罐

提示

动物性稀奶油冷藏太久容易有凝固现象，如果发现这样的状况，在填充至玻璃罐前，再过筛一次即可。

吕老师知识＋

奶冻的主要原料是鲜奶与稀奶油，鲜奶最好选择乳脂肪含量 3.7% 以上的纯鲜乳，稀奶油也建议购买由乳脂提炼出的动物性稀奶油，从制作而言较容易成功，口感上也比较香醇可口。

1

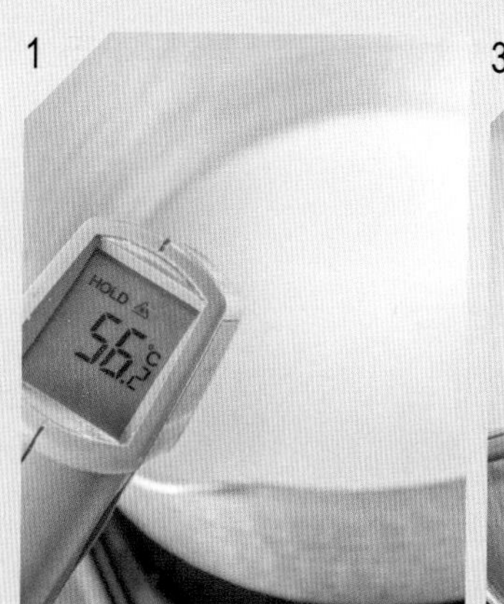

2

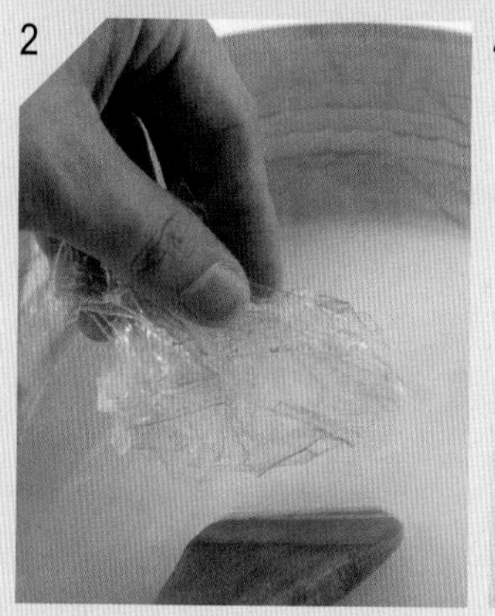

3

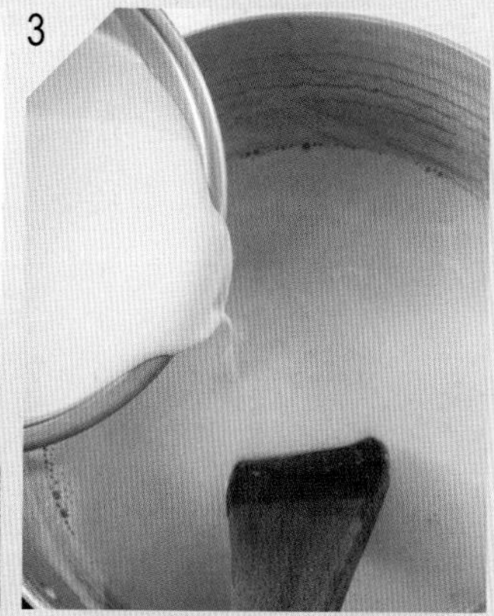

4

巧克力奶冻

难易度：★★
份量：12 杯
保存：冷藏 5 天
器具：玻璃罐

提示

制作巧克力奶冻的过程中，如果遇到内容物分离的状况，只要再多搅拌一下、增加巧克力的乳化性后，就会回复正常状态。

材料

动物性稀奶油	500g
苦甜巧克力	200g
鲜奶	700g
砂糖	40g
吉利丁片	5 片

制作方法

1 动物性稀奶油加热到 83~85℃ (图 1)。

2 加入已隔水融化好的苦甜巧克力搅拌均匀备用 (图 2)。

3 另起锅，将鲜奶和砂糖小火煮至 55~60℃ (图 3)。

4 离火加入泡软冷藏后的吉利丁片，均匀拌合 (图 4)。

5 倒入步骤 2 搅拌均匀 (图 5)。

6 装入模型之中，每份 100g(图 6)，冷藏 3~4 小时后即可。

1

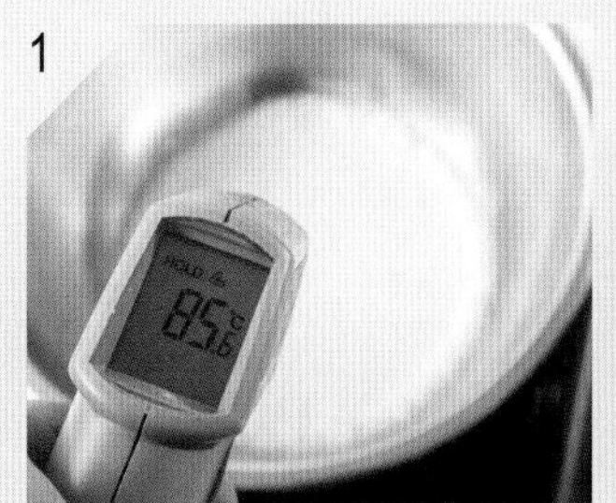

2

3

4

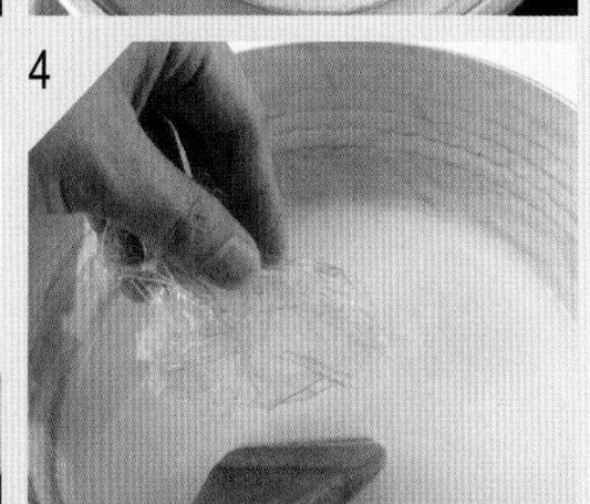

5

6

覆盆子奶冻

难易度：★★
份量：5杯
保存：冷藏5天
器具：玻璃罐

覆盆子酱材料

新鲜覆盆子	200g
吉利丁片	2片
砂糖	10g
柠檬汁	10g

制作方法

1. 新鲜覆盆子用食物调理机打成覆盆子果泥。
2. 步骤1加砂糖加热至55~60℃，加入吉利丁片与柠檬汁拌匀即成为覆盆子酱。
3. 将覆盆子酱淋在已倾斜凝固的原味奶冻上即可。

热带芒果可可奶冻

难易度：★★
份量：5杯
保存：冷藏5天
器具：玻璃罐

芒果丁材料

新鲜芒果（去皮切丁）	200g
砂糖	20g
柠檬汁	5g

制作方法

1. 芒果丁、砂糖、柠檬汁搅拌均匀，冷藏静置1小时以上即成为糖渍芒果丁（图1）。
2. 将适量的糖渍芒果丁放在已凝固的可可奶冻上即可（图2）。

1

2

布丁

布丁是一种半凝固状的甜品，主要材料为鸡蛋和鲜奶，提起布丁大家一点都不陌生，饭后总是想来一份作为一餐完美的结束。

讲究天然与健康的时代，吕老师教你如何摆脱布丁粉，做出正统健康且新鲜的布丁。

黑糖鸡蛋布丁

焦糖鸡蛋布丁

原味香草布丁液制作

制作方法

1 香草荚取籽与蛋、蛋黄、糖搅拌均匀(图1)。

2 鲜奶加热至55~60℃再冲到步骤1(图2)，静置30分钟即完成。

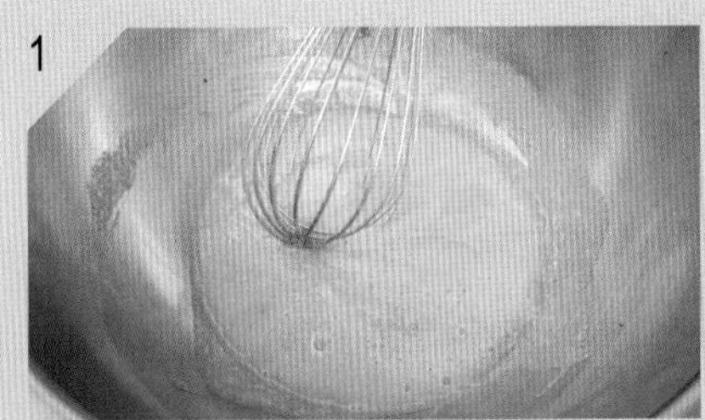

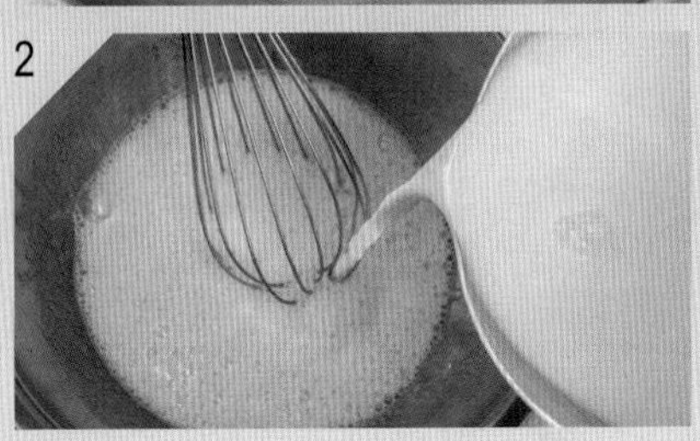

吕老师知识+

如何让布丁的口感更滑顺、更细致呢？新鲜的鸡蛋含氧量较高，若制作的前一天先将鸡蛋敲开，放入碗中，碗口封上保鲜膜，于冰箱冷藏一晚，借此让蛋内的空气释放出来，这样蒸烤过后，就会更加滑顺好吃。

焦糖鸡蛋布丁

难易度：★★
份量：9 杯
保存：冷藏 5 天
器具：玻璃布丁杯
烘烤温度：上火 150℃，下火 150℃
烘烤时间：35~45 分钟

提示

❶ 煮焦糖的时候，须使用干燥无水的锅具与搅拌匙。

❷ 隔水加热时，水高控制在 1.5~2 厘米，水温以 35~38℃为宜。

❸ 因为烤箱形态不同烤温会略有变动，烤到布丁体中心凝固即可。

布丁液材料		焦糖材料	
鲜奶	500g	砂糖	80g
鸡蛋	150g	水	20g
蛋黄	50g		
砂糖	100g		
香草荚	半条		

制作方法

1 砂糖煮至焦化后熄火，倒入水拌匀即成为焦糖 (图 1、2)。

2 趁热将焦糖液倒入玻璃布丁杯内，冷却备用 (图 3)。

3 焦糖冷却凝固后再倒入布丁液 (图4)。

4 以上火 150℃下火 150℃隔水蒸烤 35~45 分钟后即可 (图 5)。

1

2

3

4

5

黑糖鸡蛋布丁

难易度：★★
份量：9 杯
保存：冷藏 5 天
器具：玻璃布丁杯
烘烤温度：上火 150℃，下火 150℃
烘烤时间：35~45 分钟

布丁液材料	
鲜奶	500g
鸡蛋	150g
蛋黄	50g
黑糖	120g
香草荚	半条

黑糖浆材料	
黑糖	80g
水	60g

制作方法

1 黑糖加水煮至糖溶化，冷却后即成为黑糖浆，备用（图 1）。
2 鸡蛋与蛋黄拌匀（图 2）。
3 鲜奶加黑糖拌匀煮至 55~60℃，冲入到步骤 2 拌匀，静置 30 分倒入玻璃布丁杯内（图 3、4）。以上火 150℃下火 150℃隔水蒸烤 35~45 分钟。
4 冷却后放到冷藏库，食用前倒入黑糖浆即可。

1

2
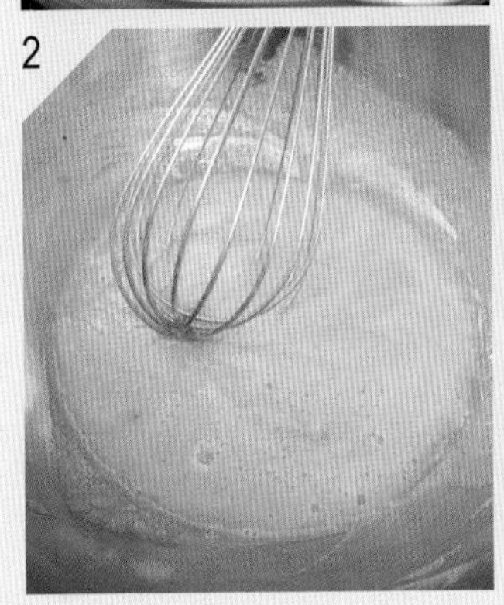

3

4

布蕾

传统的烤布蕾上层会有脆皮焦糖，但你有吃过“吸”的烤布蕾吗?
用简单的方式与材料做出别出心裁的布蕾，像是卡布奇诺、可可柳橙，是多么让人期待的新风味。一起让生活“吸”出乐趣吧!

可可柳橙布蕾
焦糖布蕾
布奇诺布蕾

原味香草布蕾制作

材料

动物性稀奶油	300g	香草荚	半条
蛋黄	100g		
砂糖	40g		

制作方法

1 香草荚取籽，与蛋黄、砂糖搅拌均匀，再加入动物性稀奶油混合（图 1、2）。

2 常温静置 30 分钟，再倒入烤皿内，移至烤盘上。

3 烤盘内倒热水（水量高度约 2 厘米），以上火 140℃下火 140℃隔水烘烤 35~45 分钟后即完成（图 3）。

1

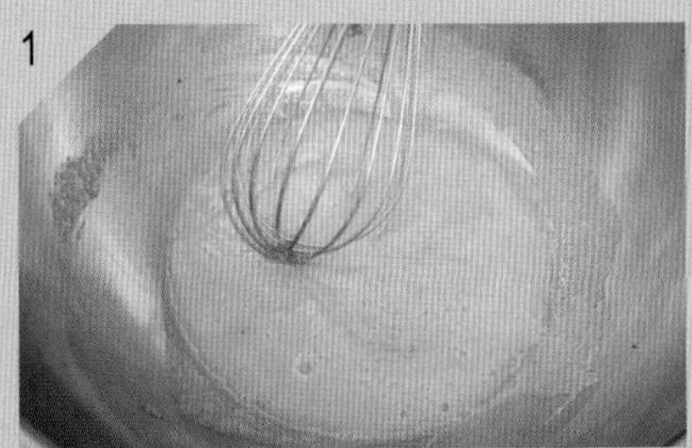

2

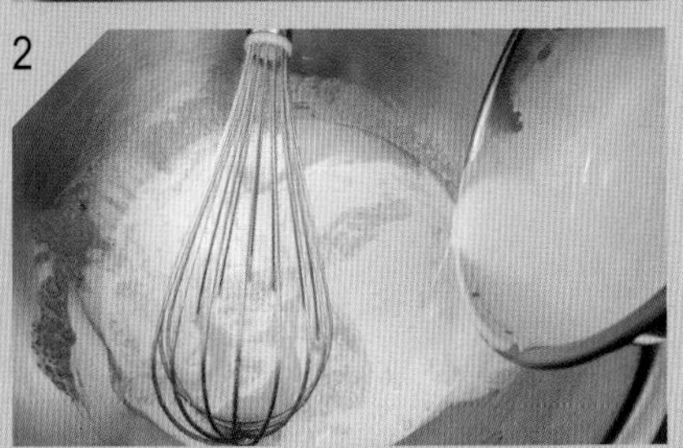

3

提示

蛋黄和动物性稀奶油要退冰至常温。

焦糖布蕾

制作方法

于原味香草布蕾的表面撒砂糖，用喷火枪烧至焦化即可。

卡布奇诺布蕾

难易度：★★
份量：4 杯
保存：冷藏 3 天
器具：玻璃罐
烘烤温度：上火 150℃，下火 150℃
烘烤时间：隔水烘烤 35~45 分钟

材料

动物性稀奶油	300g
蛋黄	100g
砂糖	40g
咖啡粉	4g

制作方法

1 蛋黄、砂糖、咖啡粉搅拌均匀，再加入动物性稀奶油混合。
2 常温静置 30 分钟，再倒入玻璃瓶内，移至烤盘上。
3 烤盘内倒热水（水量高度约 2 厘米），以上火 140℃下火 140℃，隔水烘烤 35~45 分钟后即完成。

可可柳橙布蕾

难易度：★★
份量：4 杯
保存：冷藏 3 天
器具：玻璃罐
烘烤温度：上火 150℃，下火 150℃
烘烤时间：隔水烘烤 35~45 分钟

材料

动物性稀奶油	300g
蛋黄	100g
砂糖	40g
可可粉	10g
柳橙皮末	半颗

制作方法

1 蛋黄、砂糖、可可粉、柳橙皮末搅拌均匀，再加入动物性稀奶油混合。
2 常温静置 30 分钟，再倒入玻璃瓶内，移至烤盘上。
3 烤盘内倒热水（水量高度约 2 厘米），以上火 140℃下火 140℃，隔水烘烤 35~45 分钟后即完成。

草莓雪人抹茶酥菠萝盆栽

粉红樱桃酥菠萝盆栽

圣诞草莓黑糖酥菠萝盆栽

提拉米苏盆栽

鲜草莓抹茶酥菠萝盆栽

蓝莓红曲酥菠萝盆栽

诱人黑樱桃酥菠萝盆栽

盆栽

周末午后突然被阳光给晒醒，走到窗边透透气，哼着歌、顺手拿起洒水器替那些陪伴你的小盆栽浇浇水，最是悠闲。因此，也不妨做些盆栽甜点，犒赏一下自己劳累的心灵吧！

原味酥菠萝制作

原味酥菠萝材料

无盐黄油	45g
砂糖	45g
高筋面粉	100g

提示

想要变化酥菠萝的口味，只要在步骤 2 中加入其他口味的材料即可。

制作方法

1 高筋面粉过筛。
2 黄油、砂糖、高筋面粉全部混合搅拌至颗粒状即可。
3 以上火 170℃下火 170℃烘焙 10~15 分钟，冷却备用。

酥菠萝口味变化

巧克力酥菠萝材料

无盐黄油	45g
砂糖	45g
高筋面粉	90g
可可粉	10g

黑糖酥菠萝材料

无盐黄油	45g
黑糖	45g
高筋面粉	100g
咖啡粉	2g

红曲酥菠萝材料

无盐黄油	45g
砂糖	45g
高筋面粉	100g
红曲粉	5g

抹茶酥菠萝材料

无盐黄油	45g
砂糖	45g
高筋面粉	100g
抹茶粉	5g

巧克力慕斯制作

材料

苦甜巧克力	150g	砂糖	20g
蛋黄	50g	动物性稀奶油	200g
水	30g		

制作方法

1 动物性稀奶油打发冷藏备用。

2 蛋黄、糖、水拌匀，隔水加热打发到 60~65℃ (图 1)。

3 苦甜巧克力隔水加热融化，勿超过 45℃，然后将步骤 2 倒入搅拌均匀 (图 2、3)。

4 再将步骤 1 加入步骤 3 中，搅拌均匀即可 (图 4)。

牛奶巧克力慕斯制作

材料

牛奶巧克力	200g	砂糖	20g
蛋黄	50g	动物性稀奶油	200g
水	30g		

制作方法

1 动物性稀奶油打发冷藏备用 (A)。蛋黄、糖、水拌匀，隔水加热打发到 60~65℃ (B)(图 1)。

2 牛奶巧克力隔水加热融化，勿超过 50℃，然后将 (B) 倒入搅拌均匀 (图 2)。

3 再将 (A) 加入步骤 2 中，轻轻拌合即可 (图 3)。

粉红樱桃酥菠萝盆栽

难易度：★
份量：1个
保存：冷藏4天，密封冷冻14天
器具：小型盆栽

制作方法

1 盆栽造型容器中加入50g巧克力慕斯(图1)。
2 铺上烤熟的酥菠萝，再以新鲜樱桃点缀即可(图2)。

1

2

提拉米苏盆栽

制作方法

1 内馅做法与提拉米苏相同(请参见第46页)。
2 在表面铺上巧克力酥菠萝，最后摆上薄荷叶装饰。

1
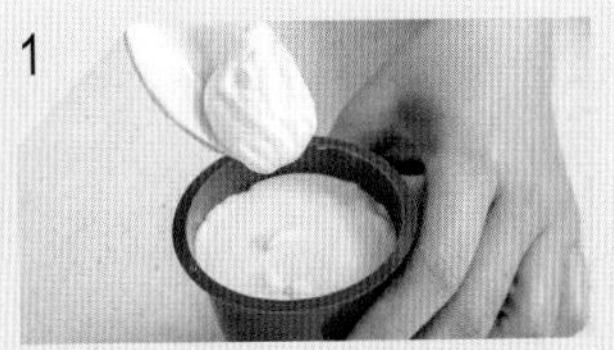

2

鲜草莓抹茶酥菠萝盆栽

制作方法

1 盆栽造型容器中加入50g巧克力慕斯。
2 铺上烤熟的抹茶酥菠萝，最后摆上切半的草莓做装饰即可。

蓝莓红曲酥菠萝盆栽

制作方法

1 盆栽造型容器中加入50g牛奶巧克力慕斯。
2 铺上烤熟的红曲酥萝，再摆上新鲜蓝莓装饰即可。

圣诞草莓黑糖酥菠萝盆栽

制作方法

1 盆栽造型容器中加入50g牛奶巧克力慕斯。
2 铺上烤熟的黑糖酥菠萝。
3 将草莓横切上下对半，中间挤上巧克力酱等作为装饰，摆放于盆栽内即可。

草莓雪人抹茶酥菠萝盆栽

制作方法

1 盆栽造型容器中加入50g牛奶巧克力慕斯。
2 铺上烤熟的抹茶酥菠萝。将草莓横切上下对半，中间挤上打发的动物性稀奶油等作为装饰，摆放于盆栽内即可。

奶酪蛋糕

奶酪蛋糕的种类很多，由于奶酪的产地不同，会有不一样的口感。半熟奶酪蛋糕，有着一种令人惊讶的滑顺口感。

本书特别收入欧美最流行的玻璃罐甜点。

迷你可可奶酪蛋糕

玛德雷奶酪蛋糕
樱桃奶酪蛋糕
迷你拿铁奶酪蛋糕
迷你抹茶奶酪蛋糕
迷你奶酪蛋糕（原味）
酸奶奶酪蛋糕

奶酪蛋糕面糊制作

材料

奶油奶酪	200g	鲜奶	90g
动物性稀奶油	30g	低筋面粉	30g
砂糖 A	35g	蛋白	80g
蛋黄	40g	砂糖 B	40g

制作方法

1 奶油奶酪搅拌至光滑不结粒，再倒入动物性稀奶油、蛋黄、鲜奶及砂糖 A 拌至无颗粒。（图 1、2）

2 倒入低筋面粉拌匀。

3 另将蛋白与砂糖 B 打至光亮尖挺。

4 将步骤 2、步骤 3 拌匀即完成。

1

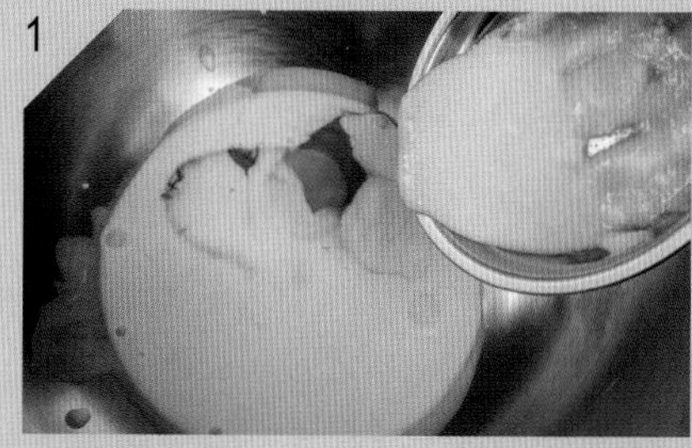

2

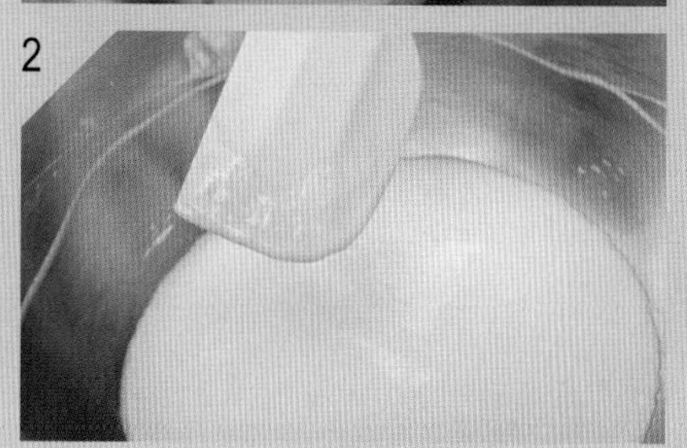

迷你奶酪蛋糕（原味）

难易度：★★

份量：13 个

保存：冷藏 3 天

模具：3 英寸（7.6 厘米）中空圆模

烘烤温度：上火 160℃，下火 150℃

烘烤时间：20~25 分钟

提示

奇福饼干屑常用于蛋糕的垫底或装饰。

材料

奶酪蛋糕面糊	500g
奇福饼干	45g
黄油	20g

制作方法

1 黄油加热融化后，放入压碎的奇福饼干，搅拌均匀备用。

2 小奶酪模型内侧抹油围纸，放入步骤 1（每个称重 5g），铺平后压紧（如图）。

3 挤入 40g 奶酪蛋糕面糊至小奶酪模型内。以上火 160℃下火 150℃隔水烘焙 20~25 分钟。

迷你可可奶酪蛋糕

难易度：★★
份量：15 个
保存：冷藏 3 天
模具：3 英寸（7.6 厘米）中空圆模
烘烤温度：上火 160℃，下火 150℃
烘烤时间：20~25 分钟

材料

奶酪蛋糕面糊	500g
苦甜巧克力	100g
奇福饼干	45g
黄油	20g

制作方法

1 黄油加热融化后，放入压碎的奇福饼干，搅拌均匀备用。
2 小奶酪模型内侧抹油围纸，放入步骤 1(每个称重 5g)，铺平后压紧。
3 苦甜巧克力隔水加热融化，再加入奶酪蛋糕面糊中，搅拌均匀。
4 挤入 40g 面糊至小奶酪模型内。以上火 160℃下火 150℃，隔水烘焙 20~25 分钟。

迷你拿铁奶酪蛋糕

难易度：★★
份量：12 个
保存：冷藏 3 天
模具：3 英寸（7.6 厘米）中空圆模
烘烤温度：上火 160℃，下火 150℃
烘烤时间：20~25 分钟

材料

奶酪蛋糕面糊	500g
速 溶 咖 啡 粉	5g
奇 福 饼 干	45g
黄　油	20g

制作方法

1 黄油加热融化后，放入压碎的奇福饼干，搅拌均匀备用。
2 小奶酪模型内侧抹油围纸，放入步骤 1 成品 (每个称重 5g)，铺平后压紧。
3 速溶咖啡粉加入奶酪蛋糕面糊中，搅拌均匀。
4 挤入 40g 面糊至小奶酪模型内。以上火 160℃下火 150℃，隔水烘焙 20~25 分钟。

迷你抹茶奶酪蛋糕

难易度：★★
份量：12 个
保存：冷藏 3 天
模具：3 英寸（7.6 厘米）中空圆模
烘烤温度：上火 160℃，下火 150℃
烘烤时间：20~25 分钟

材料

奶酪蛋糕面糊	500g
抹茶粉	5g
奇福饼干	45g
黄油	20g

制作方法

1 黄油加热融化后，放入压碎的奇福饼干，搅拌均匀备用。
2 小奶酪模型内侧抹油围纸，放入 1(每个称重 5g)，铺平后压紧。
3 抹茶粉加入奶酪蛋糕面糊中，搅拌均匀。
4 挤入 40g 面糊至小奶酪模型内。以上火 160℃下火 150℃，隔水烘焙 20~25 分钟。

酸奶奶酪蛋糕

难易度：★★
份量：5 个
保存：冷藏 3 天
器具：玻璃罐
烘烤温度：上火 170℃，下火 150℃
烘烤时间：25~30 分钟

装饰

新鲜核桃 15g

酸奶奶酪面糊材料

奶油奶酪	500g	无糖酸奶	150g
鸡蛋	150g	柠檬汁	10g
砂糖	100g	柠檬皮	半颗
动物性稀奶油	100g		

制作方法

1 奶油奶酪搅拌至光滑不结粒，再加入砂糖拌匀(图 1)。
2 另将鸡蛋、动物性稀奶油与无糖酸奶拌匀(图 2)。
3 将步骤 1、步骤 2 拌匀，再加入柠檬汁与柠檬皮拌匀(图 3、4)。
4 将 180g 的面糊倒入玻璃罐内，再放上 15g 核桃(图 5)。
5 以上火 170℃下火 150℃，隔水蒸烤25~30 分钟(图 6)。

1
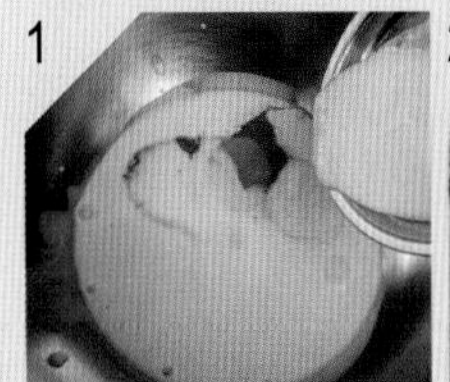
2
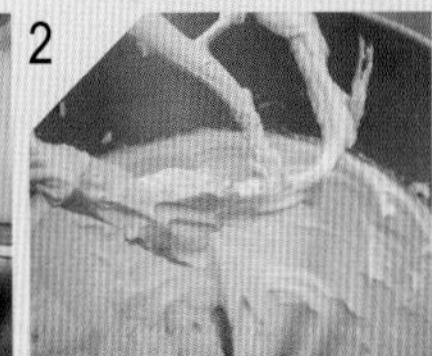
3

4
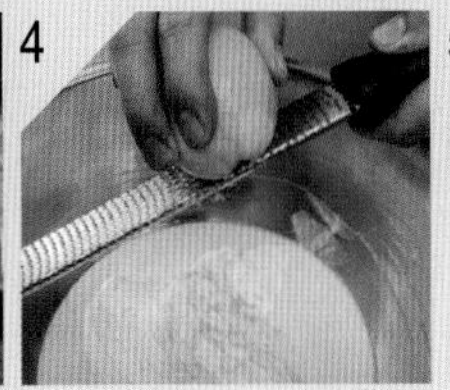
5

6
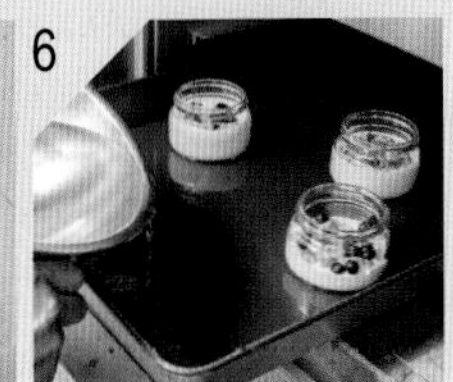

樱桃奶酪蛋糕

难易度：★★
份量：1 个
保存：冷藏 3 天
器具：玻璃罐
烘烤温度：上火 170℃，下火 150℃
烘烤时间：25~30 分钟

材料

酸奶奶酪蛋糕面糊 180g
新鲜樱桃（去籽） 40g

制作方法

1 樱桃洗涤去籽切对半备用。
2 将酸奶奶酪蛋糕面糊倒入玻璃罐内，以上火 170℃下火 150℃，隔水蒸烤 25~30 分钟。
3 表面放上樱桃装饰即完成。

玛德蕾奶酪蛋糕

难易度：★★
份量：1 个
保存：冷藏 3 天
器具：玻璃罐
烘烤温度：上火 170℃，下火 150℃
烘烤时间：25~30 分钟

提示

玻璃罐甜点中直接加入冰淇淋，淋上巧克力酱或焦糖酱，杏仁片或玉米片，就可以变成另一道美味的冰淇淋甜点哦！

材料

酸奶奶酪蛋糕面糊 120g
玛德蕾蛋糕 60g
（做法请参见第 84 页）
新鲜蓝莓 15g

制作方法

1 玛德蕾蛋糕切小块备用。
2 将酸奶奶酪蛋糕面糊倒入玻璃罐内，以上火 170℃下火 150℃，隔水蒸烤 25~30分钟。
3 表面放上玛德蕾蛋糕、新鲜蓝莓装饰即完成。

情人点心

提拉米苏 (Tiramisu) 是意大利式的甜点，意大利文中有着“带我走”的意思，带走的不只是美味，还有幸福和爱。因此有些人喜欢用提拉米苏作为告白的蛋糕。

松露巧克力是外层撒上可可粉、冰过的浓情巧克力，入口即化，没有任何一个女人能逃过它的魅惑。此款巧克力因为外型与价格昂贵的食材松露相近而得名。

提拉米苏

难易度：★★
份量：1个
保存：冷藏2天

提示

提拉米苏是生食新鲜甜点，因此对食材要求非常高，必须使用可生食的新鲜鸡蛋。

吕老师知识+

鸡蛋、砂糖、马斯卡彭芝士所做出的是最原始的提拉米苏。若是用全蛋白的配方，则口味清爽、好似雪糕；全蛋黄的做法则是香醇浓厚、有如冰淇淋。若是增加动物性奶油，则可增添口感上的浓郁度。

材料

蛋黄	100g
蜂蜜	50g
蛋白	100g
砂糖	50g
马斯卡彭芝士	500g

装饰

指形蛋糕（做法请参见第106页）	适量
可可粉	适量

咖啡酒糖液

浓缩黑咖啡	100g
砂糖	50g
卡鲁哇咖啡酒	50g

制作方法

1 砂糖、浓缩黑咖啡煮至融化，冷却后再加入卡鲁哇（Kahlua）咖啡酒，咖啡酒糖液即完成。
2 蛋黄与蜂蜜打发，加入马斯卡彭芝士搅拌至均匀且浓稠（图1、2）。
3 另将蛋白与砂糖打发至光亮尖挺（图3）。
4 将步骤1与步骤2混合拌匀（图4、5）。
5 在模型中铺指形蛋糕并在蛋糕上刷咖啡酒糖液（图5），倒入一半量的馅（图6）。
6 再放上一层指形蛋糕并刷咖啡酒糖液（图8），倒入馅铺平（图9、10），冷藏至凝固。食用前撒上可可粉即可。

松露巧克力

难易度：★★
份量：约 30 个
保存：冷藏 3 天

材料

苦甜巧克力	360g
动物性稀奶油	280g
葡萄糖浆	140g

装饰

可可粉	适量

制作方法

1 动物性稀奶油与葡萄糖浆加热搅拌至 83~85℃，冲入苦甜巧克力中搅拌均匀，即成为生巧克力馅（图 1、2、3、4）。

2 隔冰水降温冷却至变浓稠（约 18℃），装到挤花袋内（图 5）。

3 利用圆形花嘴将巧克力酱挤在撒有可可粉的盘子上（图 6、7）。

4 挤完后再撒上一层可可粉（图 8）。

5 将巧克力搓成圆球冰入冰箱，即可完成（图 9）。

薄片饼干

薄片饼干有着香、酥、脆的口味，源自于法国，也是喜饼礼盒中的常客。

杏仁瓦片是大家耳熟能详的饼干，但是其他谷物也能做成你所喜爱的薄片饼干喔！自己动手做最健康，让我们一起动手做人人都喜爱的薄片饼干吧！

杏仁瓦片
阳光谷物瓦片
伯爵南瓜子瓦片

蛋白糖浆面糊制作

材料

蛋白	100g	橄榄油	30g
砂糖	60g	低筋面粉	35g
海藻糖	25g		

制作方法

1 低筋面粉过筛备用(图1)。蛋白退冰至常温备用。
2 蛋白、砂糖、海藻糖搅拌均匀至光亮(图2)。
3 再将过筛后的低筋面粉加入，搅拌均匀(图3)。
4 最后倒入橄榄油，拌合均匀至光滑面糊即可(图4、5)。

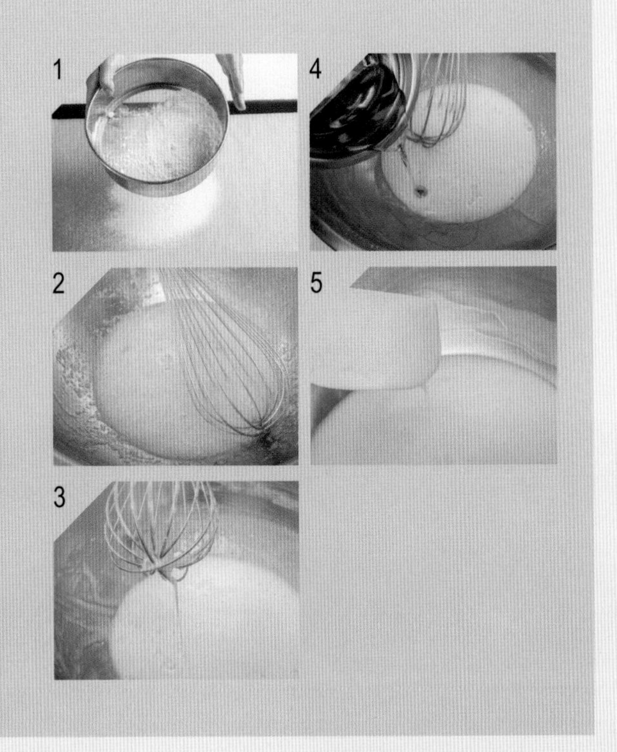

阳光谷物瓦片

难易度：★★
份量：50片
保存：常温7天
烘烤温度：上火150℃，下火150℃
烘烤时间：15~20分钟

材料

蛋白糖浆面糊	250g
亚麻籽	40g
黑芝麻	20g
葵花籽	160g

制作方法

1 在蛋白糖浆面糊中加入亚麻子、黑芝麻、葵花籽，拌匀静置30分钟以上(图1)。
2 烤盘铺不沾布，放上模圈，放入每份约8g的面糊，压成均匀的薄片即可(图2)。
3 以上火150℃下火150℃烘焙15~20分钟，待表面上色即可(图3)。

杏仁瓦片

难易度：★★
份量：50片
保存：常温7天
烘烤温度：上火150℃，下火150℃
烘烤时间：15~20分钟

提示

瓦片类的饼干面糊经过静置冷藏1晚后再行烘烤，风味尤佳！

材料

蛋白糖浆面糊	250g
杏仁片	220g

制作方法

1 蛋白糖浆面糊加杏仁片搅拌均匀后静置30分钟以上（图1）。

2 烤盘铺不沾布，放上模圈，放入每份约8g的面糊，压成均匀的薄片即可（图2）。

3 以上火150℃下火150℃烘焙15~20分钟，待表面上色即可（图3）。

1

3

2

伯爵南瓜子瓦片

难易度：★★
份量：50片
保存：常温7天
烘烤温度：上火150℃，下火150℃
烘烤时间：15~20分钟

材料

蛋白糖浆面糊	250g
伯爵红茶粉	3g
南瓜子	280g

制作方法

1 蛋白糖浆面糊加入伯爵红茶粉、南瓜子拌匀后静置30分钟以上（图1、2）。

2 烤盘铺不沾布，放上每份约8g的面糊，压成均匀的薄片即可（图3）。

3 以上火150℃下火150℃烘焙15~20分钟，待表面上色即可。

1

3

2

美式饼干

美式饼干是美国最传统、最家常的妈妈饼干，美味的甜点，勾起离乡人的乡愁，让异乡客一辈子难忘。

椰香巧克力饼干
蔓越莓玉米脆片饼干
黑眼豆豆饼干
蓝莓燕麦饼干

美式奶油饼干面团制作

材料

二砂糖（黄砂糖）	115g	低筋面粉	200g
鸡　蛋	55g	泡打粉	2g
无盐黄油	130g		

制作方法

1 无盐黄油、鸡蛋、二砂糖搅拌均匀(图1)。

2 加入过筛后的低筋面粉和泡打粉轻轻拌匀即可(图2)。

1

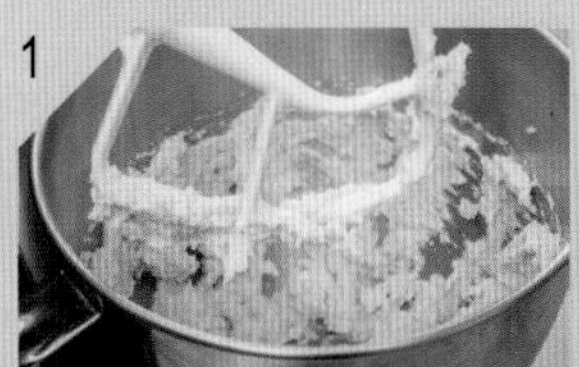

2

提示

❶ 无盐黄油与鸡蛋事先放于室温软化与退冰备用。

❷ 低筋面粉、泡打粉过筛备用。

吕老师知识+

美式饼干的制作要点在于强调它的脆度，而高甜度的口感则是它的特色。糖在高温的条件下，会形成焦糖化现象，因而产生酥脆口感，所以在制作的过程中，不会有过多的搅拌动作，只要让糖分子均匀地分布在食材中、让奶油本身的风味保留便好，否则过多地搅拌会让奶油的香气随着温度的上升而慢慢流失。美式饼干的手作精神不是打发，而是均匀地拌合，由此展现各项食材本身的美味。

蔓越莓玉米脆片饼干

难易度：★　　烘烤温度：上火 170℃
份量：30 个　　　　　　下火 170℃
保存：常温 7 天　　烘烤时间：20~22 分钟

材料

美式奶油饼干面团 500g
蔓越莓干 100g

装饰 玉米片 适量

制作方法

1 美式奶油饼干面团加入蔓越莓果干拌匀，分割成每个 20g 的小团，搓成圆球（图 1）。
2 外表裹上玉米片，放置烤盘上轻压，以上火 170℃下火 170℃烘焙 20~22 分钟，待凉后即可食用（图 2）。

椰香巧克力饼干

难易度：★　　烘烤温度：上火 170℃
份量：30 个　　　　　　下火 170℃
保存：常温 7 天　　烘烤时间：20~22 分钟

材料

美式奶油饼干面团 500g
椰子丝 150g
耐烤高温巧克力豆 80g

制作方法

1 美式奶油饼干面团加入椰子丝、耐烤高温巧克力豆拌匀，分割成每个 20g 的小团，搓成圆球（图 1）。
2 放置烤盘上轻压，以上火 170℃下火 170℃烘焙 20~22 分钟，待凉后即可食用（图 2）。

蓝莓燕麦饼干

难易度：★　　烘烤温度：上火 170℃
份量：30 个　　　　　　下火 170℃
保存：常温 7 天　　烘烤时间：20~22 分钟

材料

美式奶油饼干面团 500g
蓝莓干 50g
燕麦片 80g

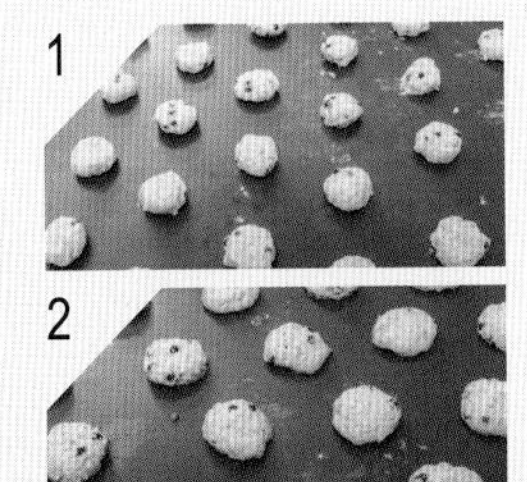

制作方法

1 美式奶油饼干面团加入蓝莓果干、燕麦片拌匀，分割成每个 20g 的小团，搓成圆球（图 1）。
2 放置烤盘上轻压，以上火 170℃下火 170℃烘焙 20~22 分钟，待凉后即可食用（图 2）。

黑眼豆豆饼干

难易度：★　　烘烤温度：上火 170℃
份量：30 个　　　　　　下火 170℃
保存：常温 7 天　　烘烤时间：20~22 分钟

材料

美式奶油饼干面团 500g
可可粉 10g
蛋白 10g
苦甜巧克力 150g
耐烤高温巧克力豆 80g

制作方法

1 美式奶油饼干面团加入其他所有配料拌匀，分割成每个 20g 的小团、搓成圆球（图 1）。
2 放置烤盘上轻压，以上火 170℃下火 170℃烘焙 20~22 分钟，待凉后即可食用（图 2）。

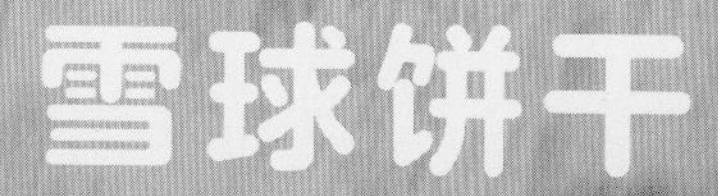

雪球饼干

雪球饼干 (Wedding Cookie) 是希腊婚礼中不可缺少的甜点，代表着幸福的滋味。本书使用天然色素（抹茶粉、可可粉、红曲粉、草莓粉等），用缤纷的色彩呈现出活泼与快乐的气息。

黑芝麻巧克力饼干

特浓巧克力饼干

椰子巧克力饼干

七彩雪球饼干

彩色纯糖粉制作

提示

❶ 因为纯糖粉容易受潮，所以使用之前要先过筛。

❷ 彩色糖粉制作完成后可常温保存，保存期限是 30 天。

制作方法 全部材料混合过筛即可。

材料

白色纯糖粉材料		炭黑色纯糖粉材料	
纯糖粉	60g	纯糖粉	60g
玉米粉	30g	竹炭粉	6g

黄色纯糖粉材料		可可色纯糖粉材料	
纯糖粉	60g	纯糖粉	30g
南瓜粉	10g	可可粉	30g

绿色纯糖粉材料		红色纯糖粉材料	
纯糖粉	60g	纯糖粉	60g
玉米粉	10g	玉米粉	10g
抹茶粉	7g	红曲粉	4g

粉红色纯糖粉材料	
纯糖粉	60g
玉米粉	10g
干燥草莓粉	7g

松露巧克力饼干

难易度：★★
份量：40 个
保存：常温 7 天
烘烤温度：上火 150℃ 下火 150℃
烘烤时间：15~20 分钟

材料

无盐黄油	100g
纯糖粉	40g
低筋面粉	90g
可可粉	10g
杏仁粉	60g

装饰

耐烤高温巧克力豆 适量

制作方法

1 低筋面粉过筛，而后将全部食材用手揉成团搅拌至均匀。

2 放入塑料袋中整形成 21 厘米 x21 厘米正方形、厚度 1 厘米的状态冷藏 1 小时备用。

3 将冰硬的雪球饼干面团切成 2 厘米 x2 厘米小正方形或 3 厘米 x3 厘米小正方形，滚圆后排列在烤盘上，以上火 150℃下火 150℃ 烘焙 15~20 分钟。

4 稍微冷却 10 分钟后，趁饼干还有余温时裹上耐高温巧克力豆即可。

椰子巧克力饼干

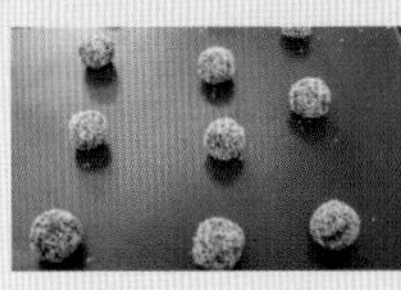

制作方法与松露巧克力饼干相同，冷却后外层裹上适量椰子丝即可。

黑芝麻巧克力饼干

制作方法与松露巧克力饼干相同，冷却后外层裹上适量黑芝麻即可。

白芝麻巧克力饼干

制作方法与松露巧克力饼干相同，冷却后外层裹上适量白芝麻即可。

七彩雪球饼干

难易度：★★
份量：40 个
保存：常温 7 天
烘烤温度：上火 150℃，下火 150℃
烘烤时间：15~20 分钟

材料

无盐黄油	100g
纯糖粉	40g
杏仁粉	60g
低筋面粉	100g
核桃（敲碎）	30g

制作方法

1 核桃以上火 150℃下火 150℃烘焙 10~12 分钟，敲碎成粉状备用（图 1）。
2 低筋面粉过筛，而后将全部食材用手揉成团搅拌至均匀（图 2）。
3 放入塑料袋中整形成边长 21 厘米、厚度 1 厘米的正方形冷藏 1 小时备用（图 3）。
4 将冰硬的雪球饼干面团切成边长 2 厘 米或边长 3 厘米的小正方形（图 4），滚圆后排列在烤盘上（图5），以上火 150℃下火 150℃烘焙 15~20 分 钟。
5 稍微冷却 10 分钟后，趁饼干还有余温时将彩色糖粉裹上（图 6）。
6 完全冷却后表面再洒上薄薄一层彩色糖粉即可。

杏仁蛋白脆饼

蛋白脆饼 (Croquants) 是法国甜点，咬起来酥酥脆脆的，表面的糖霜甜而不腻，只要吃上一口，再难过的心情也会开朗了起来！

偏爱咸口味的朋友有福了……

帕马森椒盐蛋白饼干，有浓浓的起司味，让人一口接一口停不下手。

核桃巧克力蛋白饼干
椰香亚麻籽蛋白饼干
榛果蛋白饼干
帕玛森椒盐蛋白饼干

杏仁蛋白脆饼

难易度：★★
份量：13 个
保存：常温 10 天
烘烤温度：上火 160℃，下火 160℃
烘烤时间：20~25 分钟

提示

❶ 杏仁果、核桃、榛果、椰子丝使用之前，先用烤箱以上火 150℃、下火 150℃烘焙至淡黄色，冷却备用。
❷ 低筋面粉加入蛋白面糊之前先过筛备用。

材料

蛋白	50g
砂糖	120g
低筋面粉	40g
杏仁果	60g
纯糖粉	适量

制作方法

1 蛋白先用打蛋器搅拌至湿性发泡(图 1)。
2 倒入砂糖打至光亮尖挺(图 2)。
3 再将过筛后的低筋面粉和切碎的杏仁果加入，用长刮刀轻轻拌匀(图 3、4)。
4 用汤匙挖起面糊，放置在有不沾布的烤盘上，撒上纯糖粉，以上火 160℃、下火 160℃烘焙 20~25 分钟，待凉后即可食用(图 5、6)。

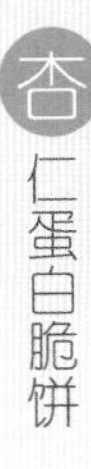

核桃巧克力蛋白饼干

难易度：★★
份量：15 个
保存：常温 10 天
烘烤温度：上火 160℃，下火 160℃
烘烤时间：20~25 分钟

材料

蛋白	50g	核桃（烤熟、切碎）	60g
砂糖	120g	耐烤高温巧克力豆	20g
低筋面粉	40g	纯糖粉	适量
可可粉	6g		

制作方法

1 低筋面粉和可可粉过筛，加入切碎核桃拌匀。
2 蛋白用打蛋器搅拌至湿性发泡，再倒入砂糖打至光亮尖挺。
3 将前两步的成品混合拌匀，用汤匙挖起面糊，放置在有不沾布的烤盘上，于表面撒巧克力豆后，以上火 160℃下火 160℃烘焙 20~25 分钟，待凉后即完成。

榛果蛋白饼干

难易度：★★
份量：12 个
保存：常温 10 天
烘烤温度：上火 160℃，下火 160℃
烘烤时间：20~25 分钟

材料

蛋白	50g
砂糖	120g
低筋面粉	40g
榛果（烤熟、切碎）	40g

制作方法

1 低筋面粉过筛后与碎榛果混合均匀备用。
2 蛋白用打蛋器搅拌至湿性发泡，再倒入砂糖打至光亮尖挺。
3 将前两步成品混合，用刮刀轻轻拌匀，再以汤匙挖起面糊，放置在有不沾布的烤盘上，撒上纯糖粉，以上火 160℃下火 160℃烘焙 20~25 分钟，待凉后即完成。

椰香亚麻籽蛋白饼干

难易度：★★
份量：15 个
保存：常温 10 天
烘烤温度：上火 160℃，下火 160℃
烘烤时间：20~25 分钟

材料

蛋白	50g
砂糖	120g
低筋面粉	40g
椰子丝	50g
亚麻籽	30g
纯糖粉	适量

制作方法

1 将过筛后的低筋面粉和椰子丝、葡萄干混合均匀备用。

2 蛋白用打蛋器搅拌至湿性发泡，再倒入砂糖打至光亮尖挺。

3 用刮刀将步骤 1、2 成品轻轻拌匀，再以汤匙挖起面糊，放置在有不沾布的烤盘上，撒上纯糖粉，以上火 160℃下火 160℃烘焙 20~25 分钟，待凉后即完成 (图 1、2、3)。

1

2

3

帕玛森椒盐蛋白饼干

难易度：★★
份量：13 个
保存：常温 5 天
烘烤温度：上火 160℃，下火 160℃
烘烤时间：20~25 分钟

吕老师知识+

帕玛森椒盐蛋白饼干在烤焙过后并不会膨胀。帕玛森芝士主要以鲜奶制成，乳脂含量相当高，在烘烤过程中会释放出油脂，继而破坏蛋白的膨胀性，但相对地也能借此烤焙出酥脆的口感。因为含油比例较高，容易产生氧化作用，所以保存期限稍短，一般情况下，以常温 5~7 天为限。

材料

蛋白	50g
砂糖	120g
低筋面粉	40g
帕玛森芝士粉	60g
黑胡椒粒	少许

制作方法

1 将过筛后的低筋面粉和帕玛森芝士粉混合均匀备用。

2 蛋白用打蛋器搅拌至湿性发泡，再倒入砂糖打至光亮尖挺。

3 用刮刀将步骤 1、2 成品轻轻拌匀，再以汤匙挖起面糊，放置在有不沾布的烤盘上，撒上黑胡椒粒与帕玛森芝士粉，以上火 160 ℃下火 160 ℃烘焙 20~25 分钟，待凉后即完成（图 1、2）。

1

2

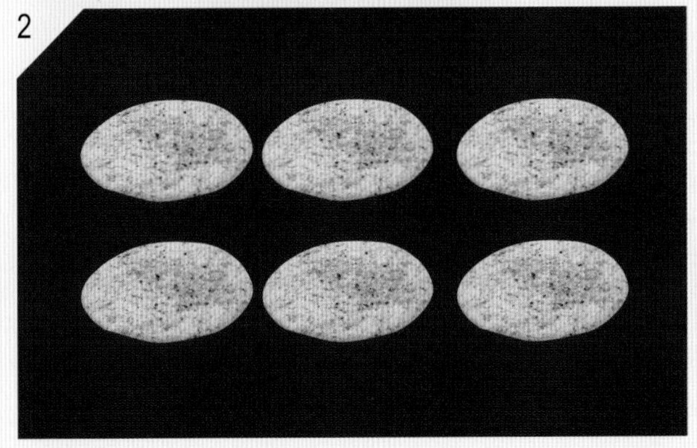

钻石饼干

这款来自诺曼底的经典法式甜点，因为外圈沾上闪闪发亮的糖粒，看起来就像钻石一样闪耀动人，因此被称之为钻石饼干。她有一个浪漫的法文名字Sabl é s Diamands。属于她特有的浓郁奶油香，无论是伴随浓醇的咖啡或爽口的红茶，都是绝妙的组合。

红曲钻石饼干
竹炭钻石饼干
榛果钻石饼干

钻石饼干面团制作

材料

无盐黄油 155g
纯糖粉 75g
全蛋 50g

装饰

低筋面粉 230g
砂糖 60g

制作方法

1 纯糖粉与低筋面粉过筛(图1)。
2 纯糖粉与无盐黄油搅拌均匀(图2)。
3 分次加入全蛋液,搅拌均匀至光滑状(图3)。
4 加入低筋面粉搅拌均匀至不结粒即可(图4)。

提示

❶ 制作钻石饼干时,全蛋要分次慢慢加入,若是拌合的速度太快,则容易产生油水分离现象。
❷ 全蛋和无盐黄油要退冰至常温,方可使用。

1

2

3

4

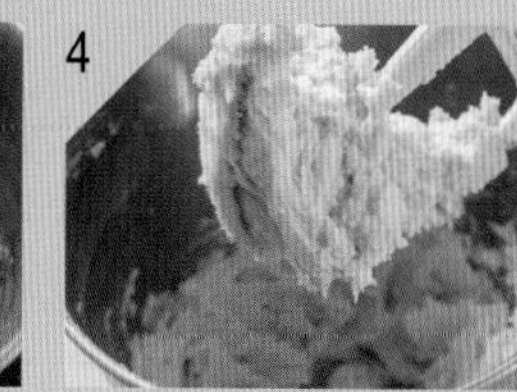

原味钻石饼干

难易度:★
份量:约60片
保存:常温7天
烘烤温度:上火170℃,下火150℃
烘烤时间:15~20分钟

材料

钻石饼干面团 500g

装饰

砂糖 60g

制作方法

1 将钻石饼干面团整形成长条状,冷冻30分钟,使面体变硬(图1)。
2 在面团外围均匀裹上砂糖(图2)。
3 将面团切成1厘米厚的片状(图3)。
4 上火170℃下火150℃烘焙15~20分钟,待凉后即完成(图4)。

1

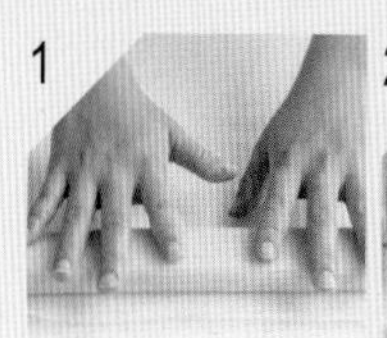

2

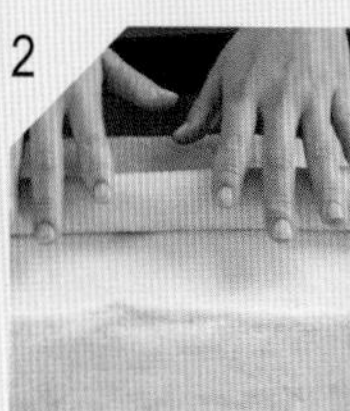

3

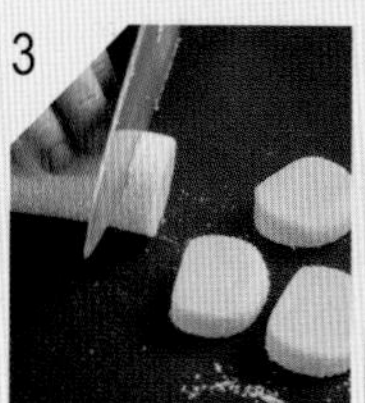

4

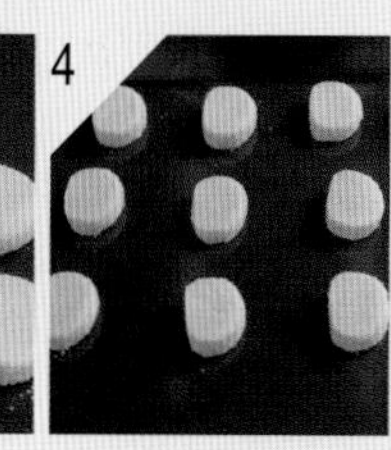

榛果钻石饼干

难易度：★
份量：约 60 片
保存：常温 7 天
烘烤温度：上火 170℃，下火 150℃
烘烤时间：15~20 分钟

材料

钻石饼干面团 500g
切碎熟榛果粒 100g

装饰

砂糖 60g

制作方法

1 将切碎熟榛果粒与钻石饼干面团混合。
2 整形成长条状，冷冻 30 分钟，使面体变硬。
3 在面团外围均匀裹上砂糖。
4 将面团切成 1 厘米厚的片状。
5 以上火 170℃、下火 150℃烘焙 15~20 分钟，待凉后即完成。

巧克力钻石饼干

难易度：★★
份量：约 60 片
保存：常温 7 天
烘烤温度：上火 170℃，下火 150℃
烘烤时间：15~20 分钟

材料

钻石饼干面团 500g
耐烤高温巧克力豆 50g
苦甜巧克力 35g
动物性稀奶油 35g

装饰

砂糖 60g
可可粉 5g

制作方法

1 动物性鲜奶油加热至 83~85℃（锅子边缘开始冒泡），冲入苦甜巧克力中制作成巧克力酱。
2 将巧克力酱与钻石饼干面团混合。
3 整形成长条状，冷冻 30 分钟，使在面体变硬。
4 在面团外围均匀裹上砂糖。
5 将面团切成 1 厘米厚的片状。
6 以上火 170℃、下火 150℃烘焙 15~20 分钟，待凉后即完成。

生姜黑糖钻石饼干

难易度：★
份量：约 50 片
保存：常温 7 天
烘烤温度：上火 170℃，下火 150℃
烘烤时间：15~20 分钟

材料

材料	用量
无盐黄油	155g
黑糖	75g
全蛋	50g
低筋面粉	230g
生姜汁	15g

装饰

装饰	用量
黑糖	60g
二砂糖（黄砂糖）	20g

制作方法

1. 低筋面粉过筛备用。
2. 黑糖与无盐黄油搅拌均匀。
3. 分 2 次将全蛋液加入步骤 2，搅拌均匀至光滑状。
4. 加入生姜汁拌合后，再加入低筋面粉搅拌均匀。
5. 将面团整形成长条状，冷冻 30 分钟，使面体变硬。
6. 在面团外围均匀裹上砂糖、黑糖。
7. 将面团切成 1 厘米厚的片状。
8. 以上火 170℃、下火 150℃烘焙 15~20 分钟，待凉后即完成。

竹炭钻石饼干

难易度：★
份量：约 50 片
保存：常温 7 天
烘烤温度：上火 170℃，下火 150℃
烘烤时间：15~20 分钟

材料

材料	用量
无盐黄油	155g
黑糖	75g
全蛋	50g
低筋面粉	230g
竹炭粉	5g

装饰

装饰	用量
砂糖	60g
竹炭粉	3g

制作方法

1. 纯糖粉与低筋面粉过筛备用。
2. 纯糖粉与无盐黄油搅拌均匀。
3. 分 2 次将全蛋液加入，搅拌均匀至光滑状。
4. 加入低筋面粉、竹炭粉搅拌均匀。
5. 将面团整形成长条状，冷冻 30 分钟，使面体变硬。
6. 裹上砂糖、竹炭粉。
7. 将面团切成 1 厘米厚的片状。
8. 以上火 170℃下火 150℃烘焙 15~20 分钟，待凉后即完成。

红曲钻石饼干

材料

无盐黄油	155g
黑糖	75g
全蛋	50g
低筋面粉	230g
红曲粉	10g

装饰

砂糖	60g
红曲粉	4g

制作方法

1 纯糖粉与低筋面粉过筛备用。
2 纯糖粉与无盐黄油搅拌均匀。
3 分 2 次将全蛋液加入，搅拌均匀至光滑状。
4 加入低筋面粉、红曲粉搅拌均匀。
5 将面团整形成长条状，冷冻 30 分钟，使面体变硬。
6 裹上砂糖、竹炭粉。
7 将面团切成 1 厘米厚的片状。
8 以上火 170℃下火 150℃烘焙 15~20 分钟，待凉后即完成。

难易度：★
份量：约 60 片
保存：常温 7 天
烘烤温度：上火 170℃，下火 150℃
烘烤时间：15~20 分钟

提示

钻石饼干是极富多样性及变化性的，只要在低筋面粉拌合前，加入自己喜好的素材即可，例如茶粉、坚果、果干、或是奶油奶酪、马斯卡彭芝士等，甚至是蒸熟的地瓜泥、燕麦片、胚芽粉、酸奶也不错，既富有创意又能呈现多层次的口感。

甜味司康

司康又称英国茶饼或英国松饼，是欧洲人下午茶中的重要角色，传统的司康形状是三角形，然而随时代的改变，如今司康的形状不再拘泥于三角形。

布朗尼巧克力司康

童梦周末点心司康

亚麻籽蔓越莓司康

夏威夷果奶油司康

司康面团（中种面团）制作

材料

温水	100g
即发干酵母	5g
全蛋	100g
高筋面粉	250g

制作方法

将全部材料搅拌均匀即可。用保鲜膜封好，室温 25~28℃的环境下发酵 60 分钟。

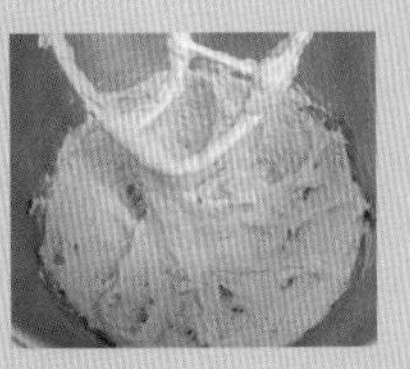

提示

如果室温低于 25℃以下，可以将司康的中种面团隔温水（35~38℃）来发酵。

主面团（原味奶油司康面团）制作

材料

低筋面粉	250g
全脂奶粉	25g
盐	5g
砂糖	150g
无盐黄油	250g

制作方法

1 低筋面粉、全脂奶粉过筛备用，无盐黄油切小丁状冷藏备用。

2 将中种面团跟盐、砂糖、步骤 1 一同搅拌 8~9 分钟，倒出后用手拌压至均匀（避免搅拌过度）（图 1、2、3）。

1

2

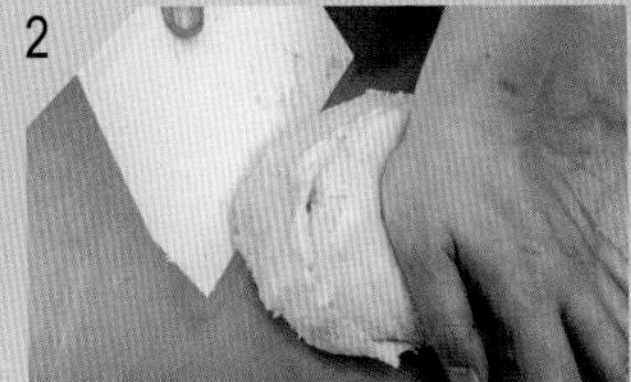

3

提示

❶ 无盐黄油要保持低温，最高至 10~12℃，切丁时才不会快速融化。

❷ 司康面团混合时应避免搅拌过度，因为过度搅拌会造成奶油融化和面团出筋，影响口感。

吕老师知识＋

司康是传统的苏格兰点心，之后流传至英国，是英国常见的下午茶甜点之一。坊间常见的司康通常使用小苏打或是泡打粉，本书使用天然酵母，最大的差异在于酵母可制造出松软却有脆度的口感。酥脆香来自于砂糖的焦糖化，松软则是因为发酵过后，面粉产生面筋的关系。天然酵母司康采用中种面团与主面团的搭配，前段发酵期间，先行培养基本酵母量，维持面团的松软度，后段再与主面团搅拌，如此便可缩短面团的发酵时间。

原味司康

难易度：★★
份量：10 个
保存：常温 3 天，冷冻 2 星期
烘烤温度：上火 190℃，下火 150℃
烘烤时间：22~25 分钟

材料

奶油司康面团	500g
全蛋液	适量

制作方法

将司康面团分割成每个 60g，整形成圆形，放在烤盘上刷上全蛋液。以上火 190℃下火 150℃烘焙 22~25 分钟，表面呈现金黄色即可。

夏威夷果奶油司康

难易度：★★
份量：10 个
保存：常温 3 天，冷冻 2 星期
烘烤温度：上火 190℃，下火 150℃
烘烤时间：22~25 分钟

材料

奶油司康面团	500g
夏威夷果	100g
全蛋液	适量

制作方法

1 夏威夷果以烤箱温度 120℃ 烘焙 15~20 分钟，冷却后备用。
2 加入奶油司康面团，混合均匀。
3 分割成每份 60g，整形成圆形，放在烤盘上刷上全蛋液。
4 以上火 190℃下火 150℃烘焙 22~25 分钟，表面呈现金黄色。

亚麻籽蔓越莓司康

难易度：★★
份量：10 个
保存：常温 3 天，冷冻 2 星期
烘烤温度：上火 190℃，下火 150℃
烘烤时间：22~25 分钟

提示

蔓越莓干可以替换成葡萄干或是其他种类的果干来增加变化性。

材料

材料	用量
奶油司康面团	500g
蔓越莓干	90g
亚麻籽	10g
朗姆酒	10g

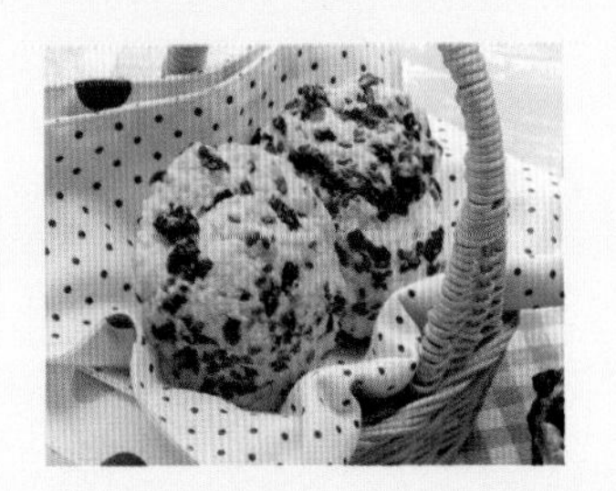

制作方法

1. 蔓越莓干、亚麻籽、朗姆酒拌均匀，静置 30 分钟。
2. 加入奶油司康面团混合均匀。
3. 分割成每份 60g，整形成圆形，放在烤盘上刷上全蛋液。
4. 以上火 190℃下火 150℃烘焙 22~25 分钟，表面呈现金黄色即可。

布朗尼巧克力司康

难易度：★★
份量：10 个
保存：常温 3 天、冷冻 2 星期
烘烤温度：上火 190℃，下火 150℃
烘烤时间：22~25 分钟

提示

❶ 耐烤高温巧克力豆也可以改成苦甜巧克力，苦甜巧克力要事前切碎。
❷ 新鲜核桃不需要事前烘焙，希望能完整呈现核桃的风味。

材料

材料	用量
奶油司康面团	500g
可可粉	15g
耐烤高温巧克力豆	100g
核桃	35g

制作方法

1. 将过筛后的可可粉均匀混合至奶油司康面团中。
2. 拌入耐烤高温巧克力豆、核桃。
3. 分割成每份 60g，整形成圆形，放在烤盘上刷上全蛋液。
4. 以上火 190℃下火 150℃烘焙 22~25 分钟，表面呈现金黄色即可。

童梦周末点心司康

难易度：★★
份量：10 个
保存：常温 3 天，冷冻 2 星期
烘烤温度：上火 190℃，下火 150℃
烘烤时间：22~25 分钟

材料

奶油司康面团	500g
士力架巧克力 (Snickers)	80g
MM 巧克力	30g
玉米片	20g

制作方法

1. 士力架巧克力切成 2 厘米小丁状和 MM 巧克力、玉米片混合。
2. 加入奶油司康面团混合均匀。
3. 分割成每份 60g，整形成圆形，放在烤盘上刷上全蛋液。
4. 以上火 190℃下火 150℃烘焙 22~25 分钟，表面呈现金黄色即可。

童梦周末点心司康是一款属于梦想的甜点，
虽然以消费者的观点，这样的甜点或许不符合需求，
但是我仍然希望保留初心，呈现自己当初学习甜点过程中的一些回忆。
对我而言，能够在厨房之中把甜点当作是游乐园，
真的是一件很幸福的事情！

野菇奶酪司康

咸味司康

谁说下午茶只能配甜品？奶酪的咸不但解腻更增添风味，咸味司康给不爱甜食的你多个新选择！

樱桃番茄脆肠司康

南瓜蜂蜜司康

橄榄帕玛森司康

南瓜蜂蜜司康

难易度：★★
份量：10个
保存：常温3天，冷冻2星期
烘烤温度：上火190℃，下火150℃
烘烤时间：22~25分钟

提示

如果选购到较为硬质的南瓜，使用之前可以蒸煮方式先让南瓜软化。

材料

奶油司康面团	500g
南瓜丁	120g
南瓜子	30g
蜂蜜	10g
全蛋液	适量

制作方法

1. 南瓜切成2厘米的小丁状和蜂蜜混合均匀。
2. 加入奶油司康面团，混合均匀。
3. 分割成60g一份，整形成圆形，放在烤盘上刷上全蛋液。
4. 以上火190℃下火150℃烘焙22~25分钟，表面呈现金黄色。出炉冷却后淋上适量蜂蜜。

橄榄帕玛森司康

难易度：★★
份量：10个
保存：常温3天，冷冻2星期
烘烤温度：上火190℃，下火150℃
烘烤时间：22~25分钟

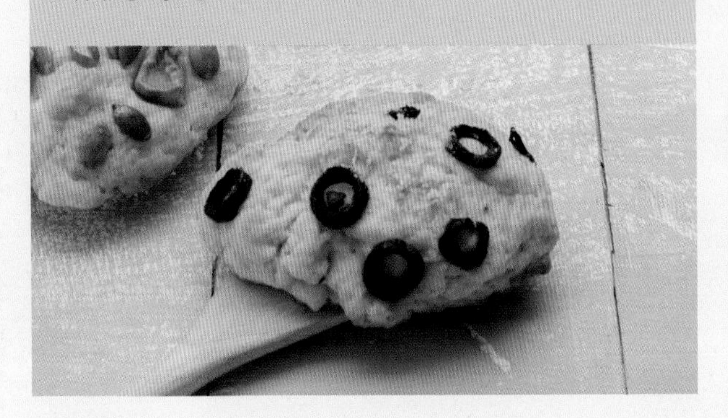

材料

奶油司康面团	500g
黑橄榄	100g
帕玛森奶酪	50g

制作方法

1. 黑橄榄切对半，与刨成丝状的帕玛森奶酪拌匀。
2. 加入奶油司康面团，混合均匀。
3. 分割成60g一份，整形成圆形，放在烤盘上刷上全蛋液，表面再刨上些许的帕玛森奶酪。
4. 以上火190℃下火150℃烘焙22~25分钟，表面呈现金黄色即可。

樱桃番茄脆肠司康

难易度：★★
份量：10个
保存：常温3天，冷冻2星期
烘烤温度：上火190℃，下火150℃
烘烤时间：22~25分钟

提示

❶ 油渍樱桃番茄干可以替换成新鲜红椒，风味也相当清爽。
❷ 德式脆肠可以用热狗替换也别有一番滋味。

材料

奶油司康面团	500g
干燥洋香菜	3g
新鲜蒜粒	5g
油渍樱桃番茄干	70g
德式脆肠	50g
碎洋葱	30g
新鲜柠檬汁	5g
全蛋液	适量

制作方法

1 蒜头切碎，樱桃番茄切半，香肠切片，加入碎洋葱及柠檬汁拌匀。
2 加入奶油司康面团，混合均匀。
3 分割成60g一份，整形成圆形，放在烤盘上刷上全蛋液。
4 以上火190℃下火150℃烘焙22~25分钟，表面呈现金黄色即可。

野菇奶酪司康

难易度：★★
份量：10个
保存：常温3天，冷冻2星期
烘烤温度：上火190℃，下火150℃
烘烤时间：22~25分钟

提示

❶ 新鲜蘑菇和杏鲍菇切开之后容易有氧化的现象，所以要尽快混合到司康面团之中。
❷ 切达奶酪可以和帕玛森奶酪替换，都能呈现不同的奶酪特色。

材料

奶油司康面团	500g
意大利综合香料	3g
新鲜蒜粒	5g
新鲜蘑菇	50g
杏鲍菇	50g
切达奶酪	50g
橄榄油	5g
全蛋液	适量

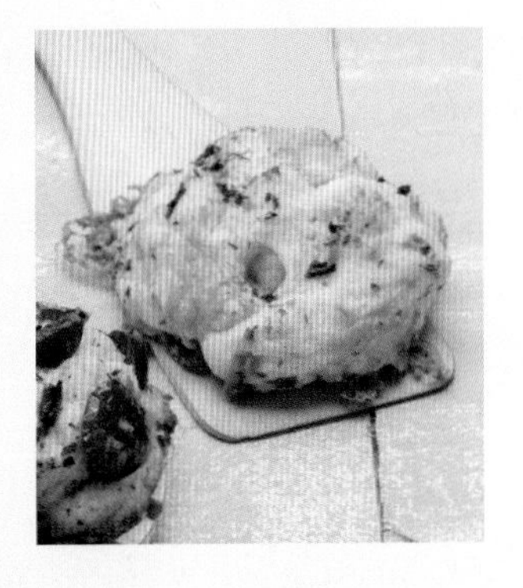

制作方法

1 蘑菇切丁与意大利综合香料、新鲜蒜粒、杏鲍菇（切丁）、切达奶酪、橄榄油混合均匀。
2 加入奶油司康面团，混合均匀。
3 分割成60g一份，整形成圆形，放在烤盘上刷上全蛋液，表面在刨上些许的帕玛森奶酪。
4 以上火190℃下火150℃烘焙22~25分钟，表面呈现金黄色即可。

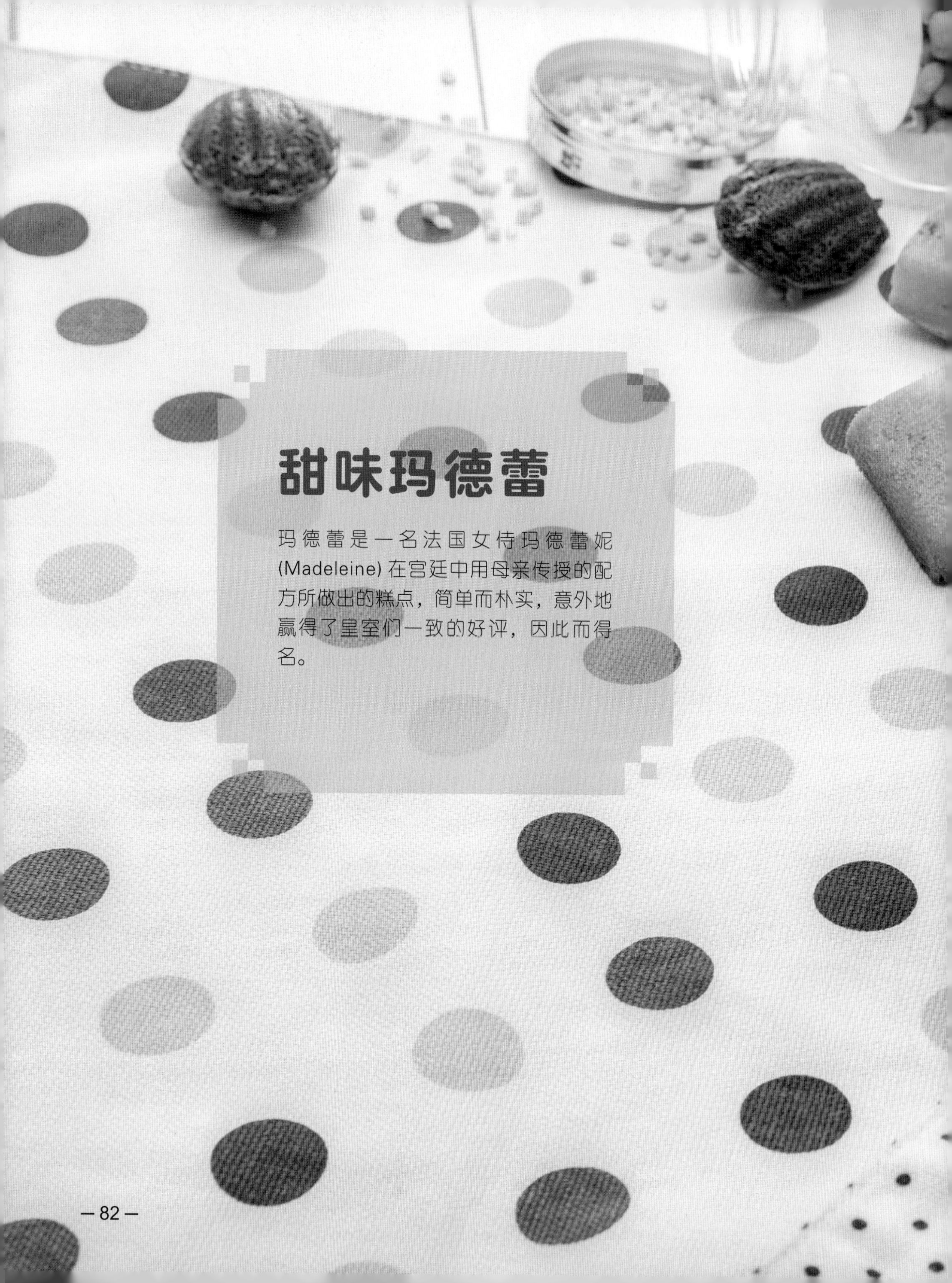

甜味玛德蕾

玛德蕾是一名法国女侍玛德蕾妮(Madeleine)在宫廷中用母亲传授的配方所做出的糕点，简单而朴实，意外地赢得了皇室们一致的好评，因此而得名。

柑橘橙花玛德蕾
摩卡巧克力玛德蕾
香草玛德蕾
伯爵红茶玛德蕾

香草玛德蕾面糊制作

材料

鸡蛋	200g	泡打粉	6g
香草荚	半条	低筋面粉	160g
砂糖	160g	无盐黄油	200g

制作方法

1 低筋面粉和泡打粉过筛备用。
2 香草荚取籽，与鸡蛋、砂糖、香草籽搅拌均匀(图1)。
3 将无盐黄油加热到65℃，不能煮沸，分3次加入步骤2成品慢慢搅拌至面糊光亮(图2、3、4)。
4 再将步骤1成品倒入，搅拌至无结粒且光滑，封保鲜膜冷藏6小时后即完成(图5、6)。

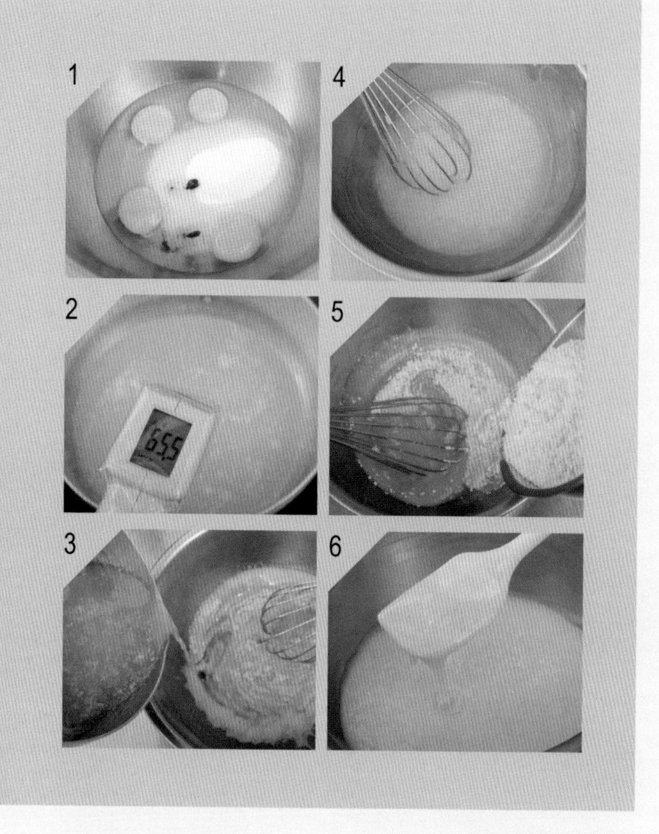

原味玛德蕾蛋糕

难易度：★★
份量：10个
保存：冷藏3天
器具：玛德蕾贝壳蛋糕模
烘烤温度：上火200℃，下火200℃
烘烤时间：15~18分钟

材料

香草玛德蕾面糊300g

制作方法

将冷藏6小时以上的香草玛德蕾面糊装入挤花袋，挤入模型当中，以上火200℃下火200℃烘焙15~18分钟即可。

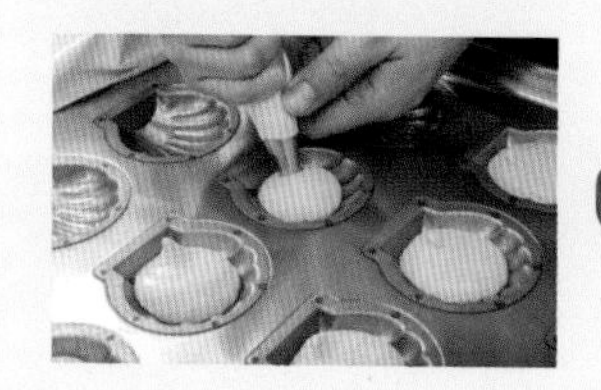

提示

鸡蛋要退冰至常温。

吕老师知识+

玛德蕾面糊制作完成后，需要放入冰箱冷藏至少6小时以上，最好是隔夜，静置的目的是为了让所有食材融合均匀，并让蛋糕体的风味趋向成熟。奶油、面粉、鸡蛋、砂糖各有其香味，冷藏静置能让食材的风味相互融合。而面粉会吸收鸡蛋的水分，在烘烤过程中产生强烈的膨胀性，若是静置时间不足，膨胀力就会相对不足。

伯爵红茶玛德蕾

难易度：★★
份量：10 个
保存：冷藏 3 天
器具：玛德蕾栗子模
烘烤温度：上火 200℃，下火 200℃
烘烤时间：15~18 分钟

材料

香草玛德蕾面糊	300g
伯爵红茶粉	3g
杏仁角	30g

1
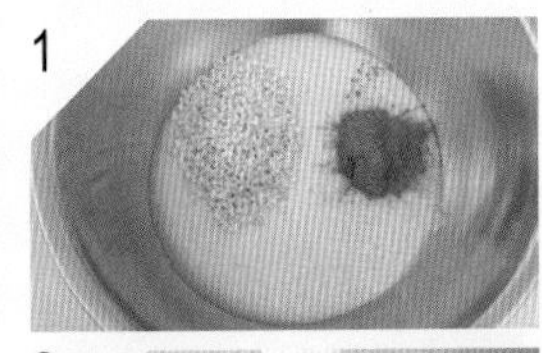
2
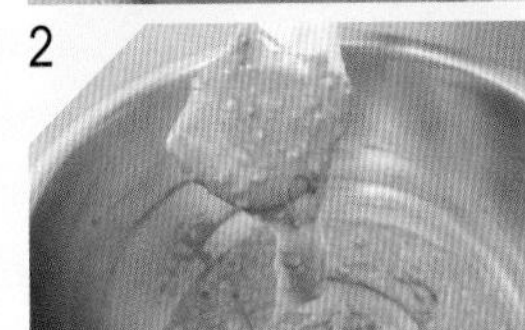

制作方法

1. 杏仁角以上火 150℃下火 150℃烘焙 10~15 分钟至上色。
2. 香草玛德蕾面糊（未冷藏前）加入红茶粉与熟杏仁角搅拌均匀。
3. 封保鲜膜冷藏 6 小时。
4. 冰箱取出后装入挤花袋，挤入模型当中，以上火 200℃下火 200℃烘焙 15~18 分钟即完成。

柑橘橙花玛德蕾

难易度：★★
份量：10 个
保存：冷藏 3 天
器具：费南雪模
烘烤温度：上火 200℃，下火 200℃
烘烤时间：15~18 分钟

材料

香草玛德蕾面糊	300g
橘皮丁	40g
橙花水（可用香橙酒替代）	4g

1

2
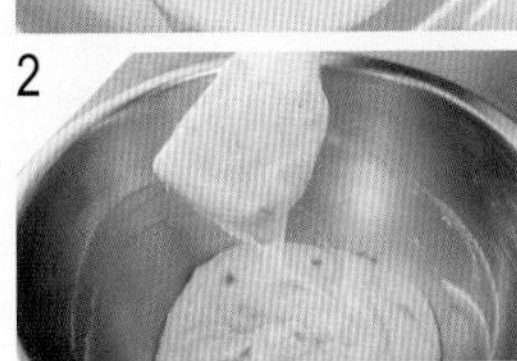

制作方法

1. 香草玛德蕾面糊（未冷藏前）加入橘皮丁及橙花水搅拌均匀。
2. 封保鲜膜冷藏 6 小时。
3. 冰箱取出后装入挤花袋，挤入模型当中，以上火 200℃下火 200℃烘焙 15~18 分钟即完成。

摩卡巧克力玛德蕾

难易度：★★
份量：10 个
保存：冷藏 3 天
器具：玛德蕾长型贝壳模
烘烤温度：上火 200℃，下火 200℃
烘烤时间：15~18 分钟

材料

香草玛德蕾面糊	300g
速溶咖啡粉	3g
苦甜巧克力	40g

制作方法

1. 苦甜巧克力隔水加热融化。
2. 香草玛德蕾面糊（未冷藏前）加入融化的巧克力及咖啡粉拌匀。
3. 封保鲜膜冷藏 6 小时。
4. 冰箱取出后装入挤花袋，挤入模型当中，以上火 200℃下火 200℃烘焙 15~18 分钟即完成。

咸味玛德蕾

咸味玛德蕾给人一种奇妙的口感，有奶酪丝杯子蛋糕般的错觉，像是新发明的小披萨，完美的口感，热腾腾地出炉，叫人很难不一口接着一口吃！

艾曼塔奶酪玛德蕾

艾曼塔奶酪是三大乡野奶酪之一，迪斯尼童话中的小老鼠最爱的就是艾曼塔奶酪。它也是瑞士知名的奶酪，加热后会拉出绵长的细丝，浓郁的奶酪香让人舍不得吃太快！

难易度：★★
份量：10 个
保存：冷藏 3 天
器具：15 连半球形硅胶模
烘烤温度：上火 200℃，下火 200℃
烘烤时间：15~18 分钟

材料

鸡蛋	100g	低筋面粉	80g
砂糖	80g	无盐黄油	120g
泡打粉	2g	艾曼塔奶酪	60g

制作方法

1 鸡蛋跟砂糖搅拌均匀(图 1)。
2 奶油加热至 65℃倒入拌匀(图 2、3)。
3 粉类过筛，倒入拌匀至无结粒且光滑(图 4、5)。
4 艾曼塔奶酪刨丝后加入搅拌均匀，冷藏 1 小时(图 6、7)。
5 烤模喷油放入 15g 面糊，以上火 200℃下火 200℃烘焙 12~15 分钟(图 8、9、10)。

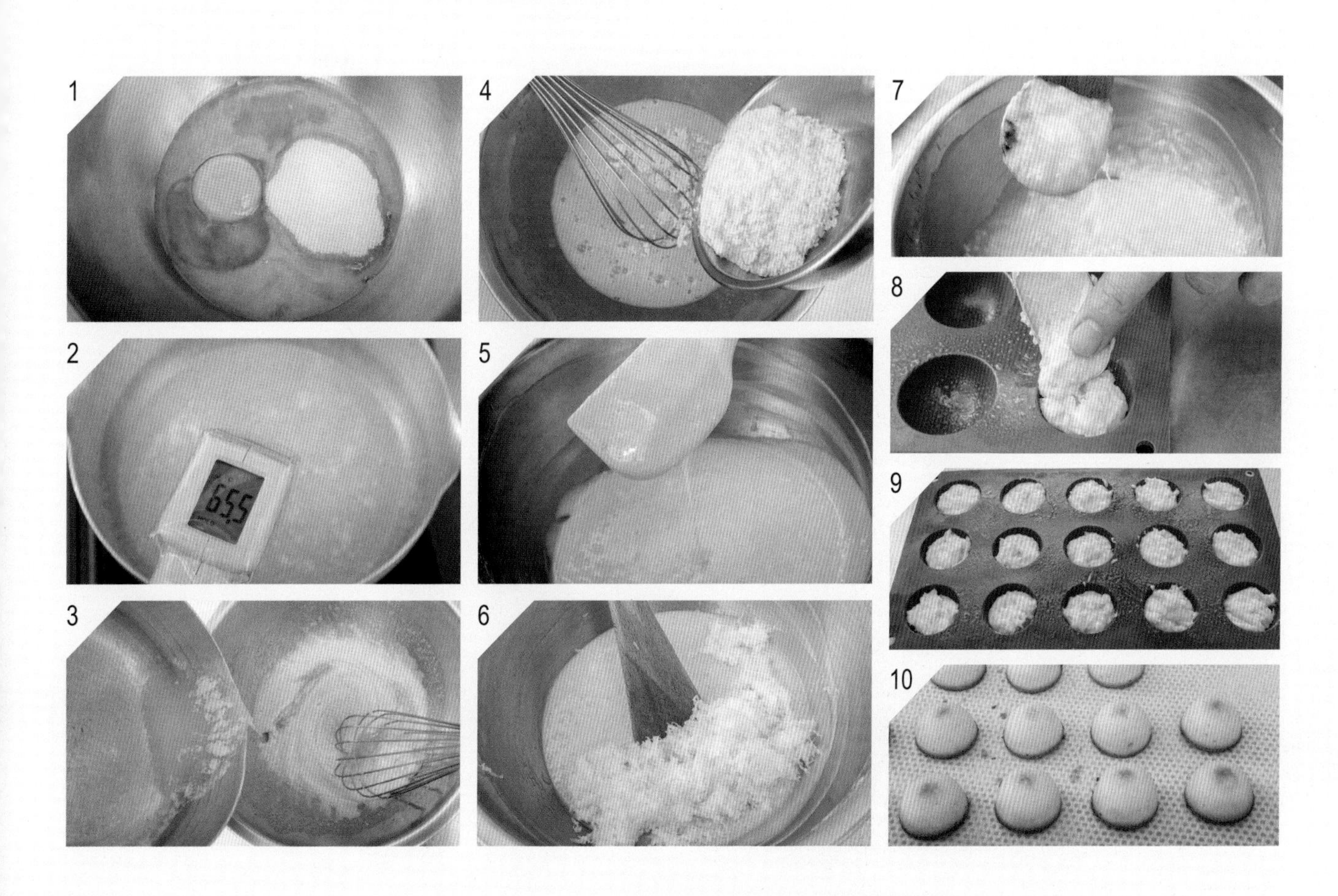

洋葱玉米玛德蕾

难易度：★★
份量：10 个
保存：冷藏 3 天
器具：长条型蛋糕烤模
烘烤温度：上火 200℃，下火 200℃
烘烤时间：18~20 分钟

材料

艾曼塔奶酪玛德蕾	200g
洋葱	50g
玉米粒	60g
白胡椒	1g
红甜椒	30g

制作方法

1 洋葱及甜椒分别切丁、玉米粒沥干水分备用。将所有材料混合拌入艾曼塔奶酪玛德蕾面糊中搅拌均匀(图 1)。

2 模型内喷油撒少许胡椒粒，再放入面糊 70g(图2)。

3 以上火 200 ℃ 下火 200 ℃ 烘焙 18~20 分钟即可(图 3)。

1

2

3

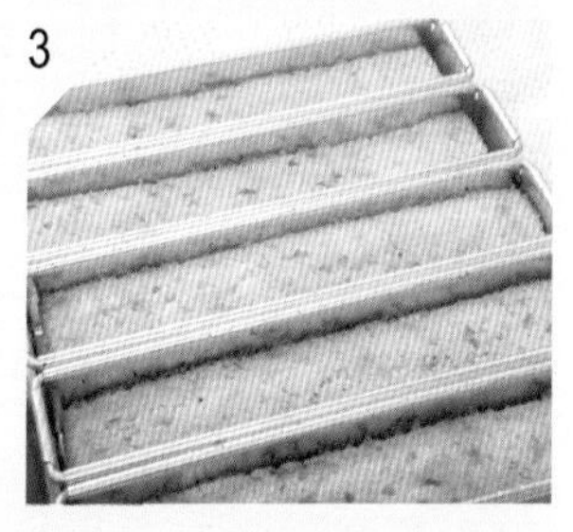

培根香蒜玛德蕾

难易度：★★
份量：10 个
保存：冷藏 3 天
器具：硅胶费南雪蛋糕模
烘烤温度：上火 200℃，下火 200℃
烘烤时间：12~15 分钟

材料

艾曼塔奶酪玛德蕾	200g
培根	50g
新鲜蒜头	10g
黑胡椒粒	1g
干燥洋香菜	2g

制作方法

1 培根切丁、蒜头去皮切末，所有材料混合拌匀(图 1)。

2 烤模喷油放入 15g 面糊，以上火 200℃下火 200℃烘焙 12~15 分钟(图 2)。

1

2

鲜虾青葱玛德蕾

难易度：★★
份量：10 个
保存：冷藏 3 天
器具：6 连空心圆模
烘烤温度：上火 200℃，下火 200℃
烘烤时间：20~25 分钟

材料

艾曼塔奶酪玛德蕾	200g
鲜虾	50g
青葱	30g
帕玛森奶酪粉	10g
橄榄油	10g
意大利香料	1g

制作方法

1 青葱切成葱花，然后全部食材跟艾曼塔奶酪玛德蕾面糊搅拌均匀 (图 1)。

2 模具内喷油，撒上帕玛森奶酪粉在底部，再放入面糊 50g(图 2、3)。

3 以上火 200℃下火 200℃烘焙 20~25 分钟 (图 4)。

法式咸蛋糕

法文中的 Cake Sale 就是咸蛋糕，是平民化的家庭式风味，有介于蛋糕和塔之间的微妙口感，是最贴近法国传统文化的乡村料理。

甜椒玉米咸蛋糕
法式鲑鱼咸蛋糕
季节时蔬咸蛋糕
樱桃番茄火腿咸蛋糕

法式咸蛋糕面糊制作

材料

高筋面粉	180g	盐	1g
泡打粉	6g	意大利香料	2g
鸡蛋	180g	帕玛森奶酪粉	50g
橄榄油	80g	白胡椒粉	2g
鲜奶	100g		

提示

❶ 橄榄油建议挑选初榨冷压式，更能凸显所有食材的特色。

❷ 意大利香料大多是以百里香、迷迭香、俄力冈叶等综合香草组作，也可以选单一风味的香草来制作法式咸蛋糕。

❸ 可以额外添加些许面包丁或可颂丁来增加饱足感，会让法式咸蛋糕品尝起来会更有分量。

吕老师知识+

咸蛋糕在国外常用来取代面包作为早餐，食材可依个人喜好增添，材料与面糊拌匀之后，直接放入烤箱烤焙，成功率很高，适合初阶入门的新手。

制作方法

1 高筋面粉、泡打粉过筛。

2 将鸡蛋、橄榄油、鲜奶、盐、意大利香料、帕玛森奶酪粉、白胡椒粉加入搅拌均匀即可（右图）。

法式鲑鱼咸蛋糕

难易度：★
份量：约 3 份
保存：密封冷藏约 3 天
模具：长条型蛋糕烤模
烘烤温度：上火 190℃，下火 190℃
烘烤时间：25~30 分钟

提示

烤模使用前须喷油处理，避免沾黏。

材料

法式咸蛋糕面糊	600g
鲑鱼	200g
紫洋葱	100g

制作方法

1 将鲑鱼与紫洋葱切成丁，放入法式咸蛋糕面糊中，搅拌均匀(图 1)。

2 将 300g 的面糊倒入模型中，以上火 190℃下火 190℃烘焙 25~30 分钟(图 2)。

1

2

樱桃番茄火腿咸蛋糕

难易度：★
份量：约 3 份
保存：密封冷藏约 3 天
模具：长条型蛋糕烤模
烘烤温度：上火 190℃，下火 190℃
烘烤时间：25~30 分钟

提示

火腿可用意式腊肠或是热狗替代，红色蔬果也可以用红萝卜来增加变化性，红萝卜要先切成 2 厘米小丁状，汆烫冷却后备用。

材料

法式咸蛋糕面糊	600g	德式脆肠	100g
红甜椒	70g	火腿	100g
樱桃番茄	30g		

制作方法

1 红甜椒、樱桃番茄、德式脆肠、火腿分别切丁，放入法式咸蛋糕面糊中，搅拌均匀(图 1)。

2 将 300g 的面糊倒入模型中，以上火 190℃下火 190℃烘焙 25~30 分钟(图 2)。

1

2

甜椒玉米咸蛋糕

难易度：★
份量：约 3 份
保存：密封冷藏约 3 天
模具：长条型蛋糕烤模
烘烤温度：上火 190℃，下火 190℃
烘烤时间：25~30 分钟

材料

法式咸蛋糕面糊	600g
黄甜椒	100g
玉米粒	100g
玉米笋	100g

制作方法

1. 黄椒、玉米粉切成 1 厘米小丁状和玉米粉拌匀。
2. 将步骤 1 成品放入法式咸蛋糕面糊中，搅拌均匀 (图 1)。
3. 将 300g 面糊倒入模型中，以上火 190℃下火 190℃烘焙 25~30 分钟 (图 2)。

1

2

季节时蔬咸蛋糕

难易度：★
份量：约 3 份
保存：密封冷藏约 3 天
模具：长条型蛋糕烤模
烘烤温度：上火 190℃，下火 190℃
烘烤时间：25~30 分钟

材料

法式咸蛋糕面糊	600g
四季豆	100g
秋葵	100g
绿花椰菜	100g

制作方法

1. 四季豆切成 3 厘米大小的条状，花椰菜切成 3 厘米大小的块状、秋葵切丁。
2. 将切好的四季豆、花椰菜和秋葵热水汆烫后冷却。
3. 将步骤 2 成品放入法式咸蛋糕面糊中，搅拌均匀 (图 1)。
4. 将 300g 的面糊倒入模型中，以上火 190℃下火 190℃烘焙 25~30 分钟 (图 2)。

1

2

蜂巢蛋糕

切开蛋糕，映入眼帘的是如同蜂巢般的景象，上层松软，下层有如蜂巢的部分更是Q软，加入柑橘干或是葡萄干以后，口感更有层次，风味更是非凡。

蜂巢蛋糕面糊制作

材料

蜂蜜	40g	砂糖	55g
橄榄油	25g	水	85g
炼乳	80g	小苏打	3g
盐	1g	低筋面粉	60g
鸡蛋	65g		

制作方法

1 低筋面粉、小苏打过筛备用。蜂蜜、橄榄油、炼乳、盐、鸡蛋搅拌均匀（图 1）。

2 砂糖、水煮至 83~85℃，加入步骤 1 搅拌均匀（图 2）。

3 再把过筛的低筋面粉和小苏打倒入，搅拌至光亮（图3），静置 1 小时即可。

1
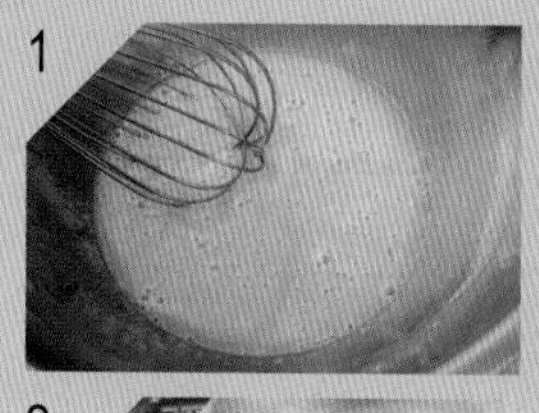

3

2
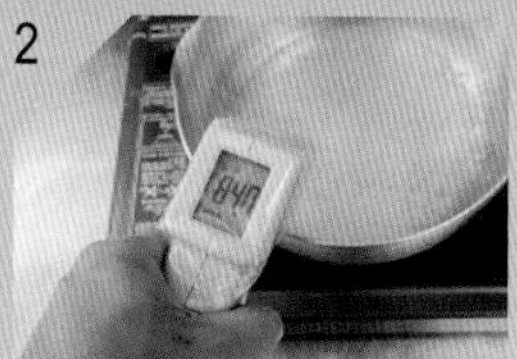

原味蜂巢蛋糕

难易度：★★
份量：约 15 份
保存：常温 3 天，密封冷藏约 7 天
模具：4 厘米 X5 厘米可丽露模 15 个
烘烤温度：上火 180℃，下火 150℃
烘烤时间：20~25 分钟

制作方法

将静置完成的面糊倒入 4 厘米 x5 厘米的可丽露烤模中（图 1），以上火 180℃下火 150℃烘焙 20~25 分钟，出炉后脱模至层架上即完成。

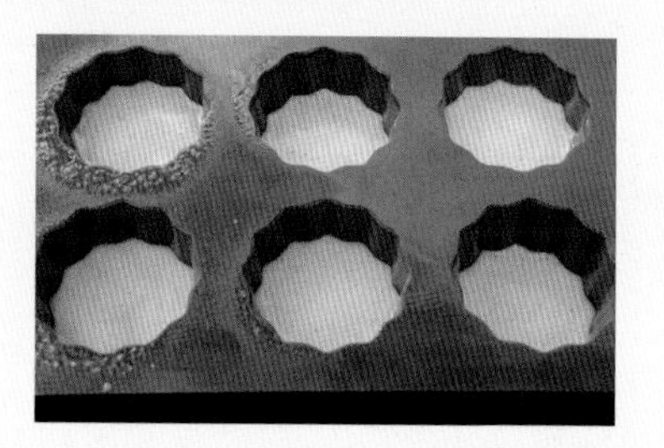

伯爵柑橘蜂巢蛋糕

难易度：★★
份量：约 15 份
保存：常温 3 天，密封冷藏约 7 天
模具：菊花模 1 个
烘烤温度：上火 180℃，下火 150℃
烘烤时间：35~40 分钟

材料

蜂巢蛋糕面糊	400g
伯爵红茶粉	5g

表面装饰

柑橘丁	100g
草莓粉	适量

制作方法

1 将红茶粉、橘皮丁与蜂巢蛋糕面糊搅拌均匀，静置 1 小时 (图 1)。
2 倒入菊花模中（图 2、3），以上火 180℃下火 150℃烘焙 35~40 分钟。
3 出炉冷却后撒上草莓粉作装饰即可 (图 4)。

1

2

3
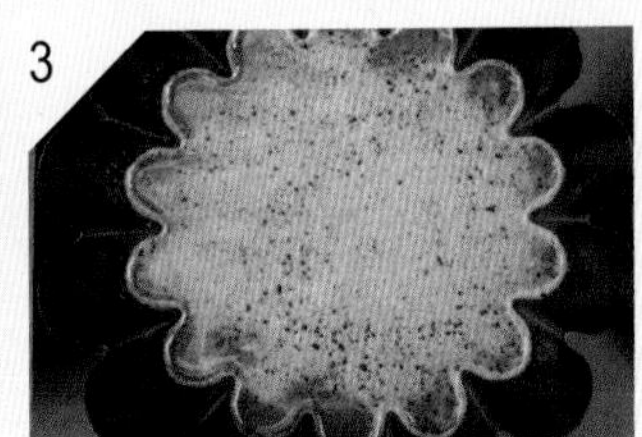
4

红酒葡萄蜂巢蛋糕

难易度：★★
份量：6 英寸（15 厘米）深塔模 1 份
保存：常温 3 天，密封冷藏约 7 天
模具：6 英寸（15 厘米）深塔模 1 个
烘烤温度：上火 180℃，下火 150℃
烘烤时间：30 分钟

材料

蜂巢蛋糕面糊	400g
红酒葡萄干	100g
(红酒 10g、葡萄干 90g)	
核桃	50g

装饰

食用金箔	适量

制作方法

1 将核桃以上火 150℃下火 150℃烘焙 10 分钟后冷却，葡萄干切碎泡红酒备用。
2 将核桃、葡萄干与蜂巢蛋糕面糊拌匀静置 1 小时 (图 1)。
3 将静置完成的面糊倒入深塔模中（图 2、3），以上火 180℃下火 150℃烘焙 30 分钟，出炉冷却后于中心点缀金箔做装饰即可。

1

2

3

蜂巢抹茶蔓越莓咕咕霍夫

难易度：★★
份量：空心咕咕霍夫模 1 份
保存：常温 3 天，密封冷藏约 7 天
模具：空心咕咕霍夫模 14 厘米 x9 厘米
烘烤温度：上火 180℃，下火 150℃
烘烤时间：35~40 分钟

材料

蜂巢蛋糕面糊 400g　抹茶粉 8g
蔓越莓干 150g

提示

蔓越莓干可依个人喜好更改为蓝莓干、无花果干、草莓干等各类果干。

制作方法

1 蔓越莓干切碎，抹茶粉过筛备用，与蜂巢蛋糕面糊搅拌均匀（图 1)，静置 1 小时。

2. 将静置完成的面糊倒入空心咕咕霍夫模中（图 2、3)，以上火 180℃下火 150℃烘焙 35~40 分钟，出炉后脱模至层架上待凉即可。

1

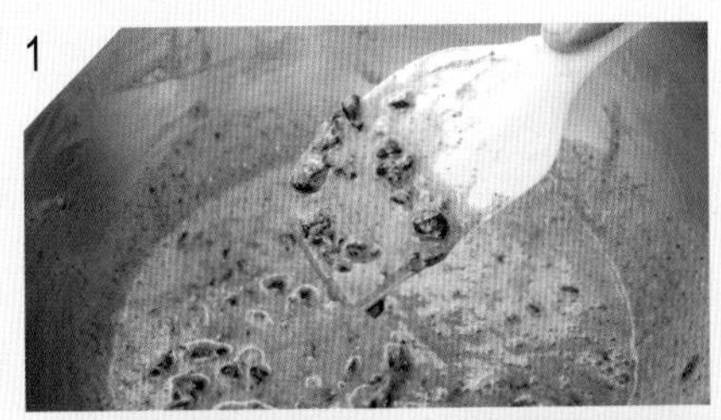

2

3

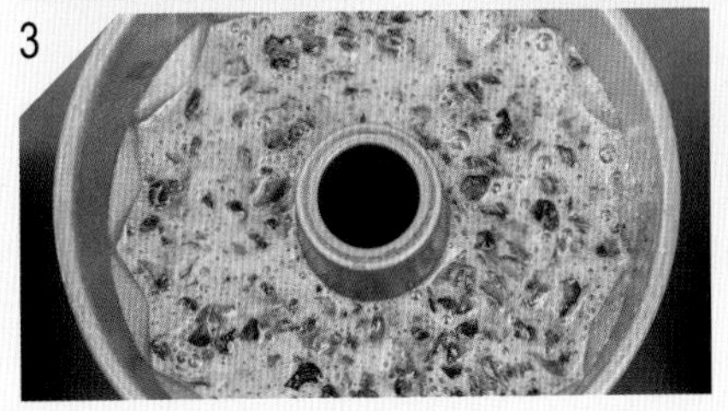

巧克力达克瓦兹
香草小圆点蛋糕
香草指形小蛋糕
FISHING BRIDGE
MUSEUM
Turbid Lake
Pelican
White Lake
LAKE
YELLOWSTONE

打发的小西点

相信大家对古典巧克力蛋糕与布朗尼并不陌生，达克瓦兹也是法国相当有人气的蛋糕。

此单元有十款非常特别的小西点，其中包含吕升达老师珍藏多年的蛋糕卷独家秘方！

香草指形小蛋糕

难易度：★★
份量：约 45 个
保存：常温 4 天
烘烤温度：上火 190℃，下火 190℃
烘烤时间：8~10 分钟

吕老师知识＋

❶ 炼乳奶油霜很适合填充于小西点中，作为增添口感的内馅，只要将无盐黄油、海藻糖、炼乳以 4 ∶ 1 ∶ 1的比例混合打发即可。若想制作巧克力奶油霜，则再增添 2 等份融化的苦甜巧克力，即以 4 ∶ 1 ∶ 1 ∶ 2 的比例混合打发。

❷ 打发后的蛋白性质很脆弱，而面团的比重比蛋白重，所以过度的搅拌容易压坏蛋白中的空气组织，形成消泡现象，因此蛋白混入面粉后，轻轻拌匀即可。

材料

蛋黄	75g	糖	50g
砂糖	50g	低筋面粉	125g
香草荚	半条	炼乳奶油霜（做法见吕老师知识＋）	3~5g
蛋白	150g		

制作方法

1 将香草荚取籽，与蛋黄、砂糖搅拌均匀（图 1）。

2 将蛋白打起泡，再加入糖，打至光亮坚挺（图 2、3）。

3 将步骤 1 成品倒入步骤 2 成品中，略为拌匀，再加入低筋面粉，轻轻拌合即可（勿搅拌过度，容易消泡）（图 4、5、6）。

4 面糊装入挤花袋中，在烤盘上挤成指形，表面撒上纯糖粉（图 7、8、9、10），以上火 190℃下火 190℃ 烘焙 8~10 分钟后待凉。

5 将已经完成的炼乳奶油霜（做法见“吕老师知识＋”）涂在手指饼干的底部，再将两块饼干拼合即完成。

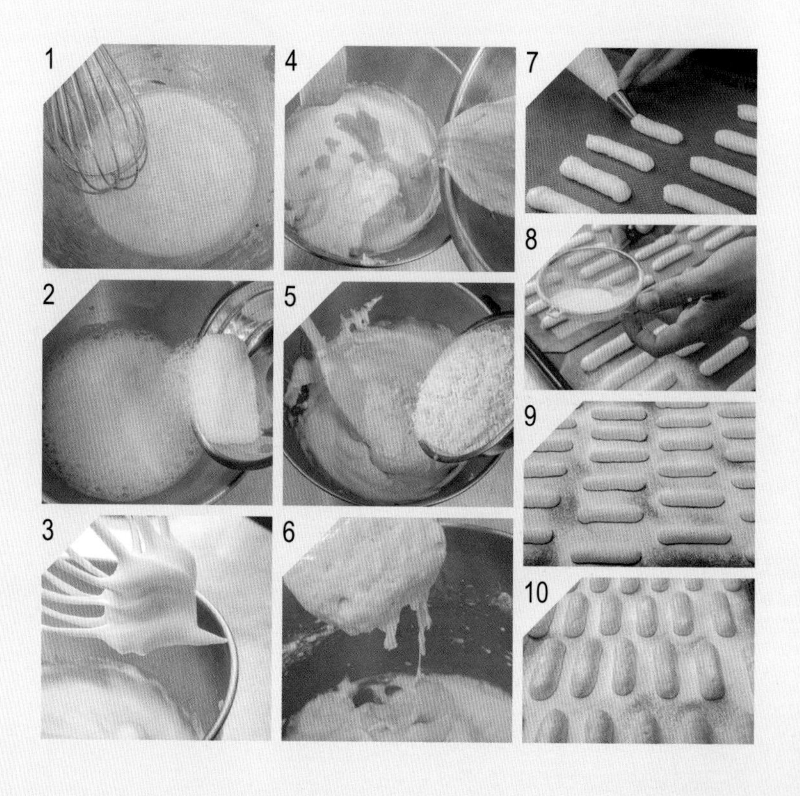

香草小圆点蛋糕

难易度：★★
份量：约 60 个
保存：常温 4 天
烘烤温度：上火 190℃，下火 190℃
烘烤时间：8~10 分钟

材料

蛋黄	75g	蛋白	150g
砂糖	50g	糖	50g
香草荚	半条	低筋面粉	125g

制作方法

1 将香草荚取籽，与蛋黄、砂糖搅拌均匀(图 1)。

2 蛋白打起泡后，加入砂糖打至干性发泡(图 2、3)。

3 将步骤 1 成品倒入步骤 2 中，略拌匀，再加入低筋面粉拌匀即可(勿搅拌过度，容易消泡)(图 4、5、6)。

4 将面糊装入挤花袋中，在烤盘上挤成圆形(图 7)。

5 表面撒上纯糖粉(图 8)，以上火 190℃下火 190℃烘焙 8~10 分钟。

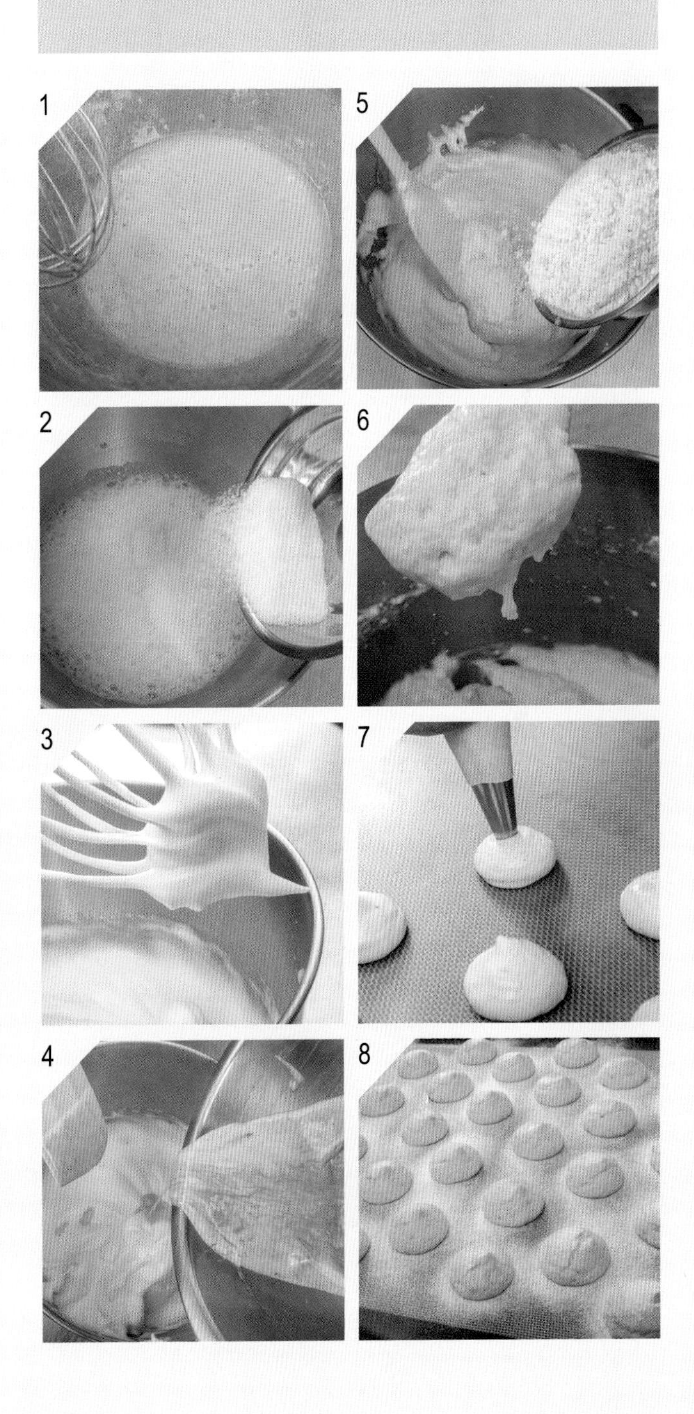

达克瓦兹

难易度：★★
份量：约 45 个
保存：常温 4 天
模具：达克瓦兹模
烘烤温度：上火 170℃，下火 160℃
烘烤时间：20~25 分钟

材料

蛋白	150g	纯糖粉	100g
砂糖	30g	低筋面粉	20g
杏仁粉	130g		

制作方法

1 将蛋白打起泡，再加入糖，打至光亮坚挺（图 1、2）。

2 杏仁粉、纯糖粉与低筋面粉搅拌均匀（图 3、4）。

3 将步骤 1 与 2 成品搅拌均匀（图 5、6）。

4 将糊装至挤花袋内。烤盘铺上不沾布后放上烤模，挤入糊，完成后拿掉模具（图 7）。

5 表面撒上纯糖粉（图 8），以上火 170℃下火 160℃ 烘焙 20~25 分钟，冷却后抹上炼乳奶油霜（做法见第 106 页“吕老师知识 +”）夹心，并将两片拼合即可。

巧克力达克瓦兹

难易度：★★
份量：约 45 个
保存：常温 4 天
模具：达克瓦兹模
烘烤温度：上火 170℃，下火 160℃
烘烤时间：20~25 分钟

提示

无盐黄油、海藻糖与炼乳混合打发，加入融化的苦甜巧克力拌匀，即成为巧克力奶油霜。

材料

蛋白	150g	纯糖粉	100g
砂糖	30g	低筋面粉	20g
杏仁粉	130g	可可粉	10g

制作方法

1 低筋面粉、可可粉、纯糖粉与杏仁粉搅拌均匀（图 1、2）。

2 将蛋白打起泡，再加入糖，打至光亮坚挺（图 3、4）。

3 步骤 1 与 2 成品搅拌均匀后装至挤花袋内。

4 烤盘铺上不沾布放烤模挤入面糊，完成后拿掉模具。

5 表面撒上纯糖粉，以上火 170℃下火 160℃，烘焙 20~25 分钟。

6 冷却后抹上巧克力奶油霜夹心并将两片拼合即可。

1
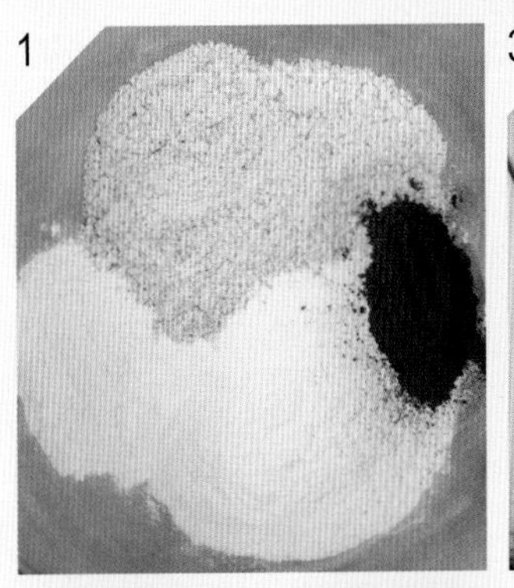

3
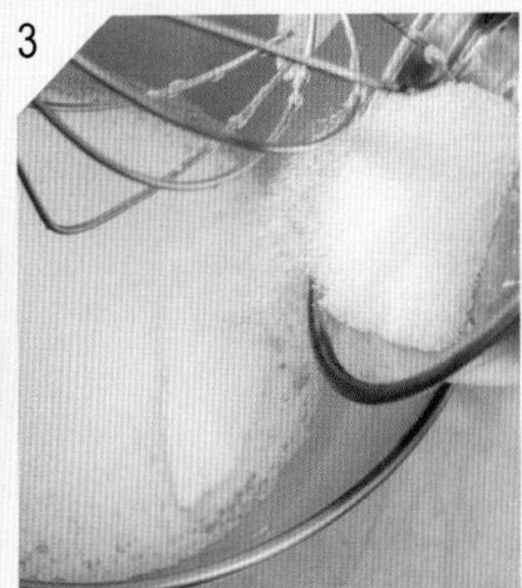

2

4
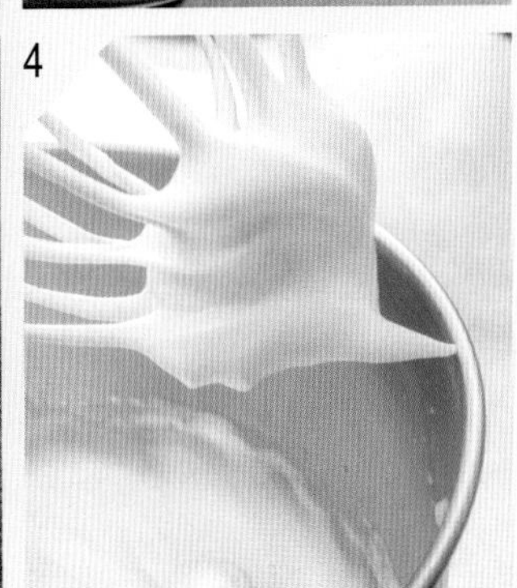

蜂蜜生乳卷 + 橙花鲜奶油香缇

咖啡生乳卷 + 焦糖鲜奶油香缇

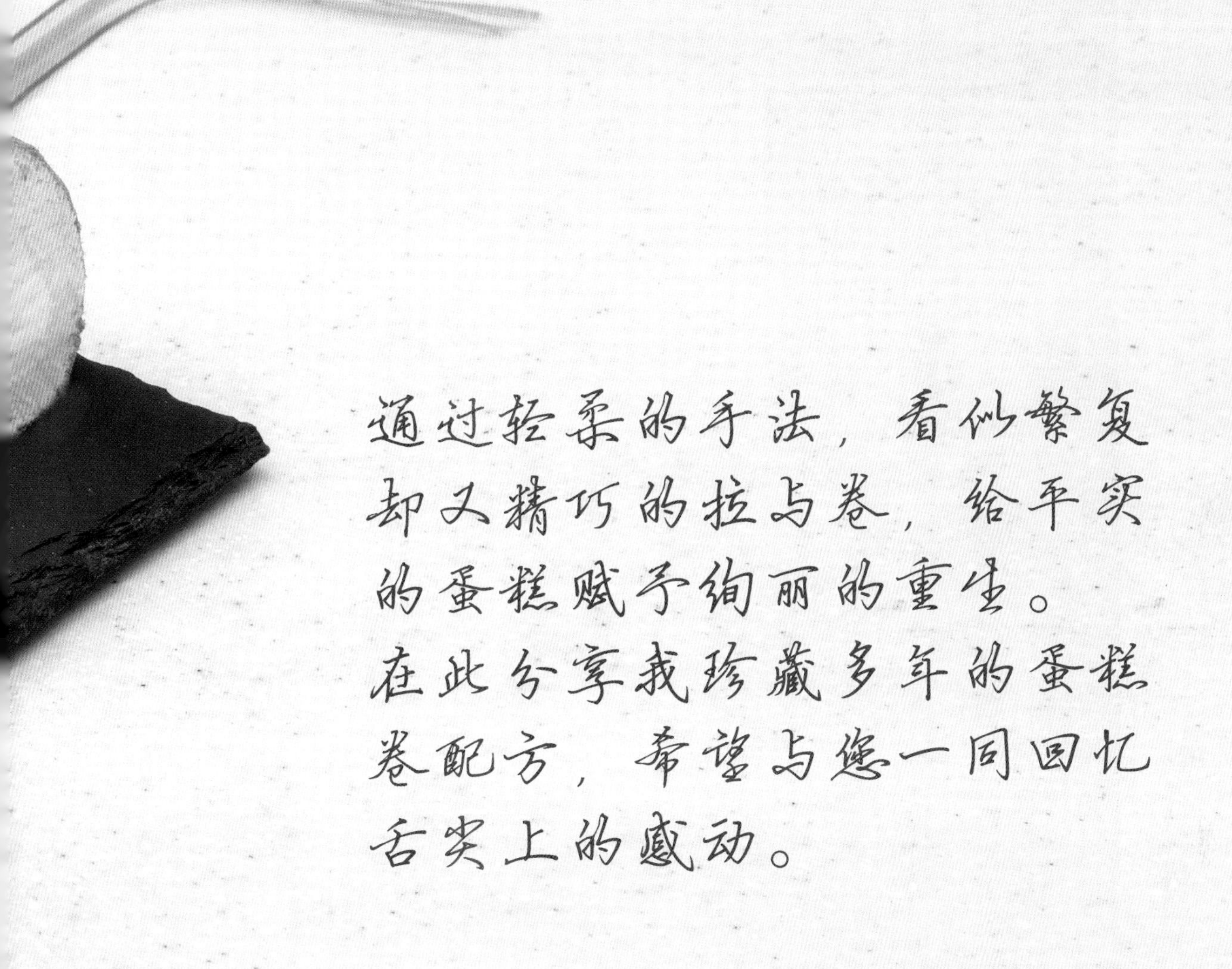

通过轻柔的手法，看似繁复却又精巧的拉与卷，给平实的蛋糕赋予绚丽的重生。
在此分享我珍藏多年的蛋糕卷配方，希望与您一同回忆舌尖上的感动。

蜂蜜生乳卷＋橙花鲜奶油香缇

难易度：★★★
份量：18 厘米蛋糕卷 4 条
保存：冷藏 4 天
模具：烤盘 40 厘米 X60 厘米
烘烤温度：上火 190℃，下火 150℃
烘烤时间：10~12 分钟

提示

将橙花水、砂糖与鲜奶油打发，即成为橙花鲜奶油香缇。

吕老师知识＋

橙花水是通过蒸馏法萃取自橙花，又名橙花纯露。因含有橙花精油，会散发出淡淡的柑橘香气，所以添加在食材中能增添风味。亦可以香橙酒代替。

蛋糕卷材料

蛋黄	240g	砂糖	180g
蜂蜜	60g	盐	2g
低筋面粉	160g	鲜奶	70g
蛋白	320g	动物性稀奶油	50g

橙花鲜奶油香缇材料

动物性稀奶油	600g
砂糖	45g
橙花水	15g

(可用香橙酒代替)

制作方法

1 蛋黄与蜂蜜隔水加热至 45℃，再打发 (图 1)。
2 蛋白打起泡，加入糖、盐打至光亮尖挺 (图 2、3)。
3 步骤 1 与步骤 2 成品搅拌均匀后，加入低筋面粉拌匀 (图 4、5、6、7)。
4 鲜奶与动物性稀奶油加热至 83~85℃，倒入步骤 3 拌匀 (图 8)。
5 烤盘铺纸，倒入面糊抹平，轻敲一下，送进烤炉 (图 9)。
6 以上火 190℃下火 150℃烘焙 10~12 分钟，取出冷却后撕掉纸，切对半 (图 10)。
7 蛋糕表面朝下，放上 330g 橙花鲜奶油香缇（做法见“提示”），抹平后卷起成蛋糕卷，冷藏保鲜即可 (图 11~15)。

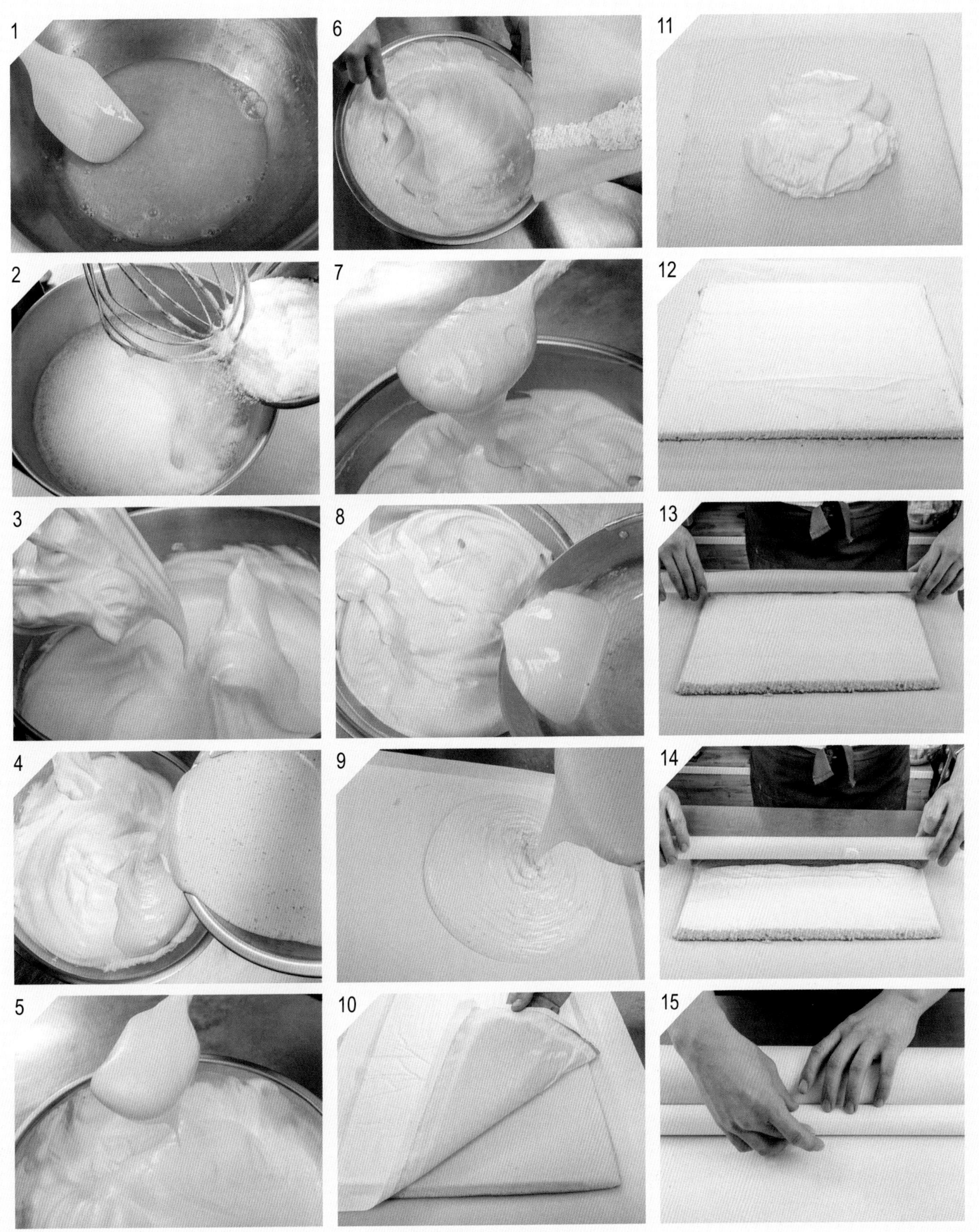
1
2
3
4
5
6
7
8
9
10
11
12
13
14
15

咖啡生乳卷＋焦糖鲜奶油香缇

浓郁的咖啡香，搭配甜而不腻的焦糖酱与鲜奶油香缇，颇具层次感的味蕾体验，您一定要亲自尝试，才能明白个中奥秘。

难易度：★★★

份量：18 厘米蛋糕卷 4 条

保存：冷藏 4 天

模具：烤盘 40X60 厘米

烘烤温度：上火 190℃，下火 150℃

烘烤时间：10~12 分钟

蛋糕卷材料

蛋黄	240g	盐	2g
砂糖	60g	鲜奶	70g
低筋面粉	160g	动物性稀奶油	50g
蛋白	320g	咖啡粉	10g
砂糖	180g		

鲜奶油香缇材料

动物性稀奶油 500g

砂糖 30g

焦糖酱材料

砂糖 100g

动物性稀奶油 120g

提示

焦糖酱制作：

❶ 砂糖加热至焦糖化。

❷ 动物性稀奶油退冰至常温，再倒入步骤 1 中拌匀，冷却后即可使用，成品如要保存须冷藏。

制作方法

1 蛋黄与砂糖隔水加热至 45℃，再打发 (图 1)。

2 将蛋白打起泡，再加入糖、盐，打至光亮坚挺 (图 2、3)。

3 将步骤 1 与步骤 2 成品混合均匀后，加入低筋面粉拌匀 (图 4、5、6)。

4 鲜奶与动物性稀奶油加热至 83~85℃，加入咖啡粉后，再倒入步骤 3 拌匀 (图 7)。

5 烤盘铺纸，倒入面糊抹平，轻敲一下，送进烤炉 (图 8)。

6 以上火 190℃下火 150℃烘焙 10~12 分钟，取出冷却后撕掉纸，切对半 (图 9、10、11)。

7 蛋糕表面朝上，放上 260g 鲜奶油香缇，抹平，再挤上 50g 焦糖酱（图 12、13、14）。

8 卷起蛋糕卷，冷藏保鲜即可 (图 15~19)。

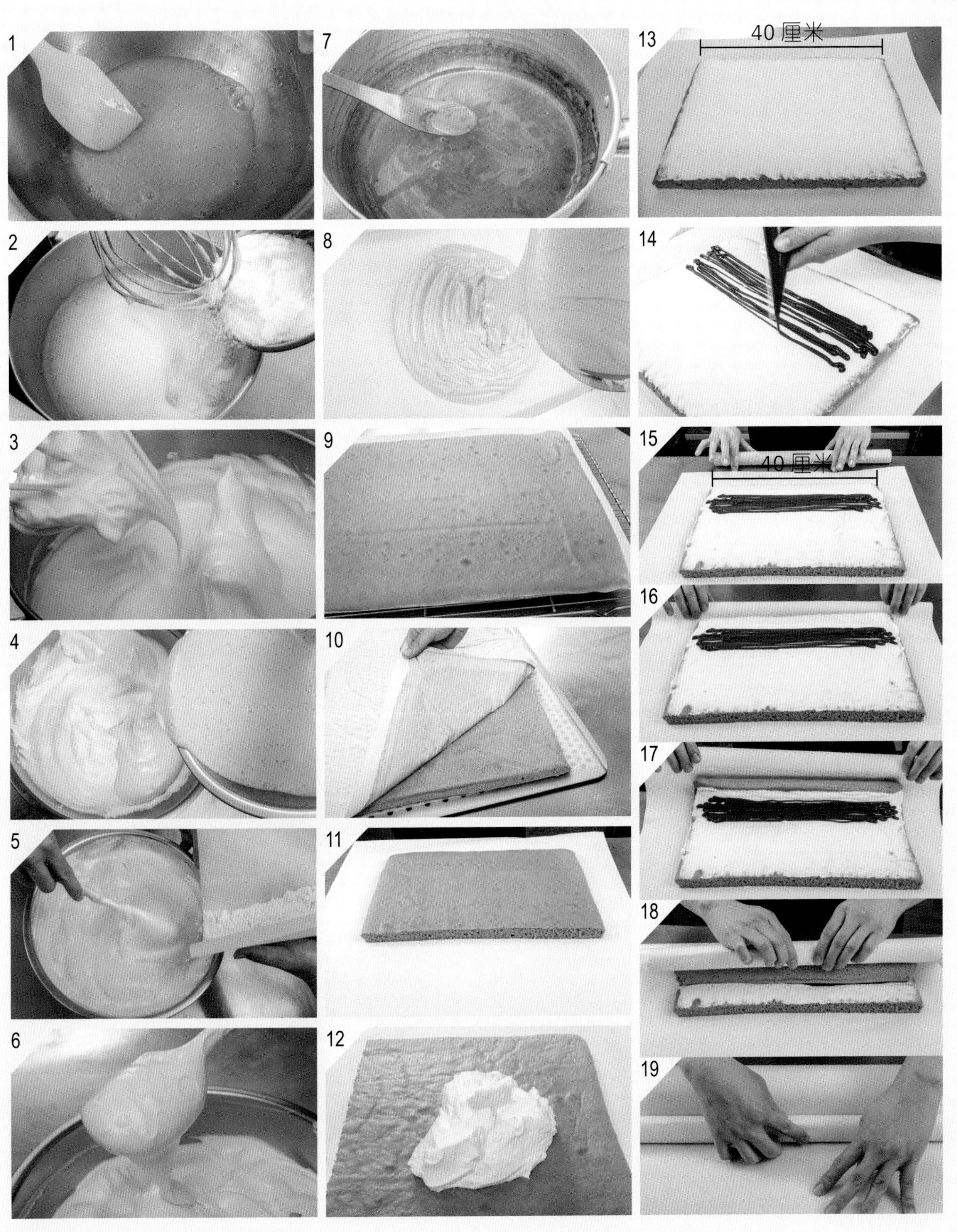
1
2
3
4
5
6
7
8
9
10
11
12
13
40 厘米
14
15
40 厘米
16
17
18
19

美式布朗尼蛋糕

迷你巧克力布朗尼蛋糕

巧克力蔓越莓咕咕霍夫
古典巧克力蛋糕

古典巧克力面糊制作

古典巧克力面糊材料

低筋面粉	150g	砂糖 B	150g
可可粉	150g	盐	3g
蛋黄	230g	苦甜巧克力	375g
砂糖 A	180g	无盐黄油	225g
蛋白	450g	动物性淡奶油	200g

提示

本配方所制作出来的成品分量较大，读者可依自己需求调整材料的重量。

制作方法

1 蛋黄加砂糖 A 打发 (图 1)。

2 蛋白打至湿性发泡再加入盐与砂糖 B 打至光亮 (图 2)。

3 巧克力、动物性稀奶油、无盐黄油混合加热融化并拌匀 (图 3、4)。

4 将步骤 1 与步骤 2 成品拌匀，加入可可粉、低筋面粉搅拌至八九分均匀 (图 5、6)。

5 将步骤 3 成品倒入步骤 4 成品中拌匀即完成 (图 7)。

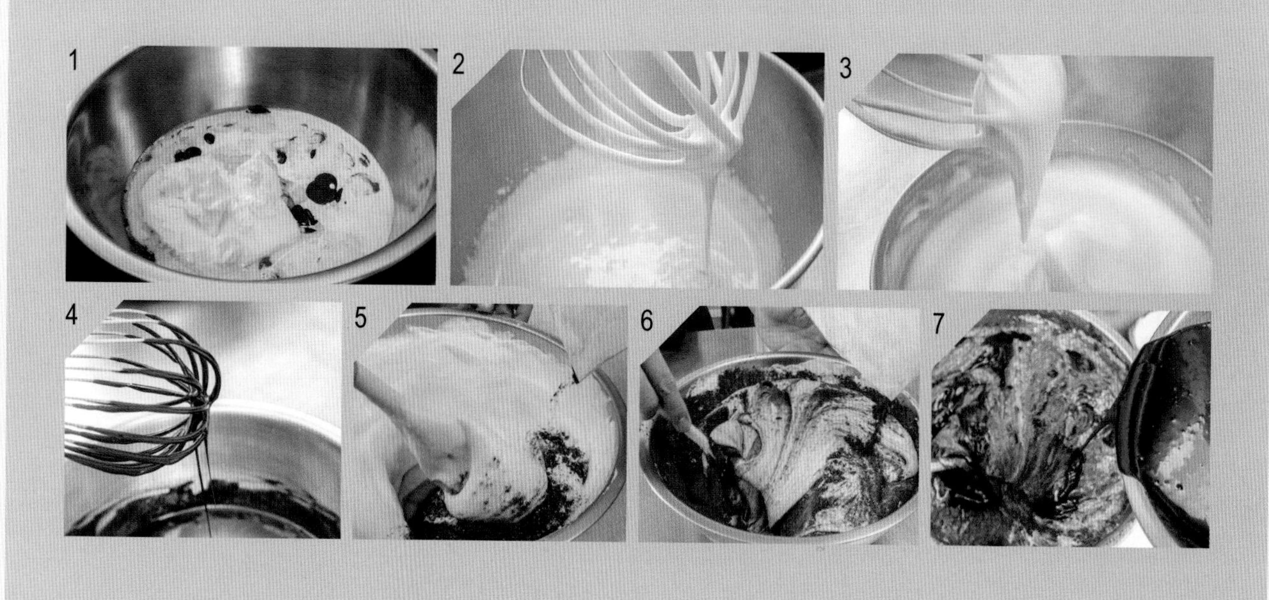

古典巧克力蛋糕

难易度：★
份量：1 份
保存：冷藏 4 天
模具：圆磁盘
烘烤温度：上火 170℃，下火 170℃
烘烤时间：15~20 分钟

材料

古典巧克力面糊	180g
纽扣巧克力	10g

制作方法

将 180g 面糊倒入模型中（图 1），铺上纽扣巧克力（图 2），以上火 170℃下火 170℃烘焙 15~20 分钟，冷却后表面撒上可可粉即完成。

1

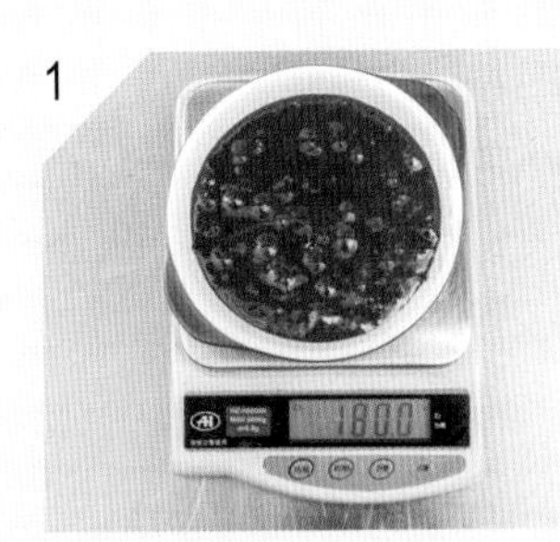

2

美式布朗尼蛋糕

难易度：★
份量：29厘米x21厘米烤盘1个
保存：冷藏4天
模具：29厘米x21厘米烤盘
烘烤温度：上火170℃，下火170℃
烘烤时间：20~25分钟

提示

核桃需先以上火120℃下火120℃烘焙8~10分钟。

材料

古典巧克力面糊 1000g　核桃 50g
高温巧克力豆 50g

制作方法

1 将1000g古典巧克力面糊倒入长方盘烤模中，抹平整型(图1)。
2 表面撒上巧克力豆及核桃(图2)。
3 以上火170℃下火170℃烘焙20~25分钟，待凉后即完成(图3)。

1

2

3

迷你巧克力布朗尼蛋糕

难易度：★
份量：15个
保存：冷藏4天
模具：15连半球形硅胶模
烘烤温度：上火170℃，下火170℃
烘烤时间：12~15分钟

材料

古典巧克力面糊 300g

制作方法

1 将每份20g的古典巧克力面糊倒至模具中。
2 以上火170℃下火170℃烘焙12~15分钟。
3 出炉后倒扣去模冷却即可。

巧克力蔓越莓咕咕霍夫

难易度：★★
份量：咕咕霍夫模 1 个
保存：冷藏 4 天
模具：咕咕霍夫模
烘烤温度：上火 170℃，下火 170℃
烘烤时间：30~35 分钟

材料

古典巧克力面糊 400g
蔓越莓干 40g
杏仁粉 20g

巧克力酱

苦甜巧克力 150g
动物性稀奶油 200g
(巧克力酱做法请参见第 9 页)

制作方法

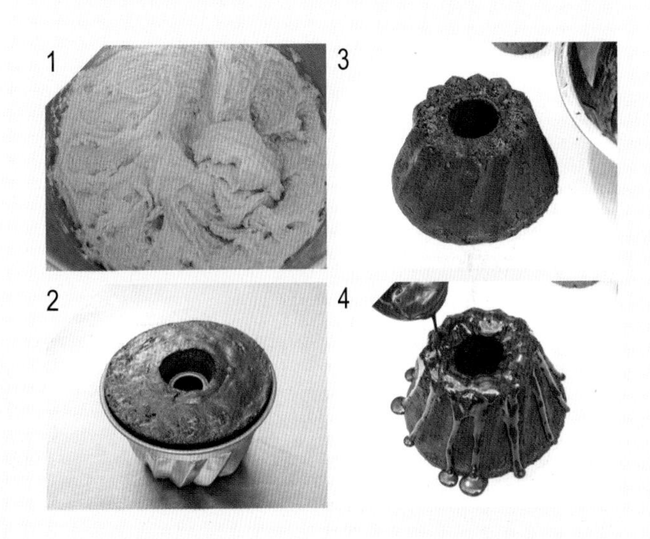

1 将蔓越莓、杏仁粉加入 400g 的古典巧克力面糊中，搅拌均匀 (图 1)。
2 将步骤 1 倒入咕咕霍夫模中，以上火 170℃下火 170℃烘焙 30~35 分钟 (图 2)。
3 出炉后倒扣去模，冷却后淋上巧克力酱即可 (图 3、4)。

英式奶油蛋糕

超人气的柠檬蛋糕，做法简单好上手，酸甜的柠檬糖霜，为平凡的蛋糕增添新口感。

英式柠檬糖霜蛋糕

难易度：★★
份量：6英寸（15厘米）深塔模2个
保存：冷藏3天
模具：6英寸（15厘米）深塔模
烘烤温度：上火170℃，下火170℃
烘烤时间：25~28分钟

材料

无盐黄油	150g
柠檬汁	20g
常温鸡蛋	180g
砂糖	130g
柠檬皮	半颗
低筋面粉	140g

糖霜材料

纯糖粉	120g
柠檬汁	20g
橙酒	10g

提示

将糖霜材料混合搅拌均匀，呈稠状后即完成柠檬糖霜的制作（右图）。

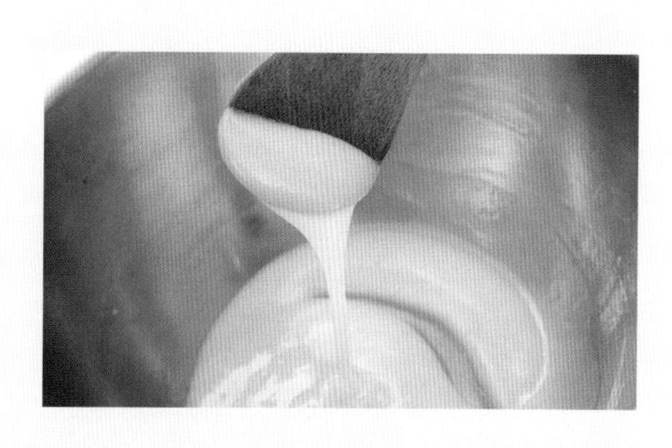

制作方法

1 常温鸡蛋加砂糖及柠檬皮打发（图1）。
2 无盐黄油加热至83~85℃溶化，加入柠檬汁拌匀（图2、3）。
3 低筋面粉过筛后倒入步骤1成品中，搅拌均匀（图4、5）。
4 将步骤2成品倒入步骤3成品中，搅拌均匀（图6、7）。
5 面糊倒至烤模中，每个重280g（图8）。
6 以上火170℃下火170℃，烘焙25~28分钟（图9）。
7 出炉后脱模在网架上冷却备用（图10）。
8 均匀淋上柠檬糖霜即可（图11）。

柑橘巧克力蛋糕

难易度：★★
份量：3 份
保存：冷藏 4 天
模具：长条型蛋糕烤模
烘烤温度：上火 170℃，下火 170℃
烘烤时间：23~25 分钟，

材料

无盐黄油	150g	低筋面粉	125g
柳橙汁	20g	可可粉	15g
常温鸡蛋	180g	糖渍橘皮丁	15g
砂糖	130g	水滴巧克力豆	15g

装饰

可可粉　　适量

制作方法

1 常温鸡蛋加砂糖打发(图 1)。
2 无盐黄油加热至 83~85℃溶化，加入柳橙汁拌匀(图 2、3)。
3 低筋面粉、可可粉过筛，倒入步骤 1 成品中搅拌均匀(图 4、5)。
4 将步骤 2 成品倒入步骤 3 成品中，搅拌均匀(图 6、7)。
5 面糊称重 200g 倒入烤模内(图 8)。
6 表面撒上水滴巧克力豆及糖渍橘皮丁(图 9)。
7 以上火 170℃下火 170℃烘焙 23~25 分钟。出炉后脱模，在网架上冷却备用(图 10)。食用前均匀撒上可可粉装饰即可。

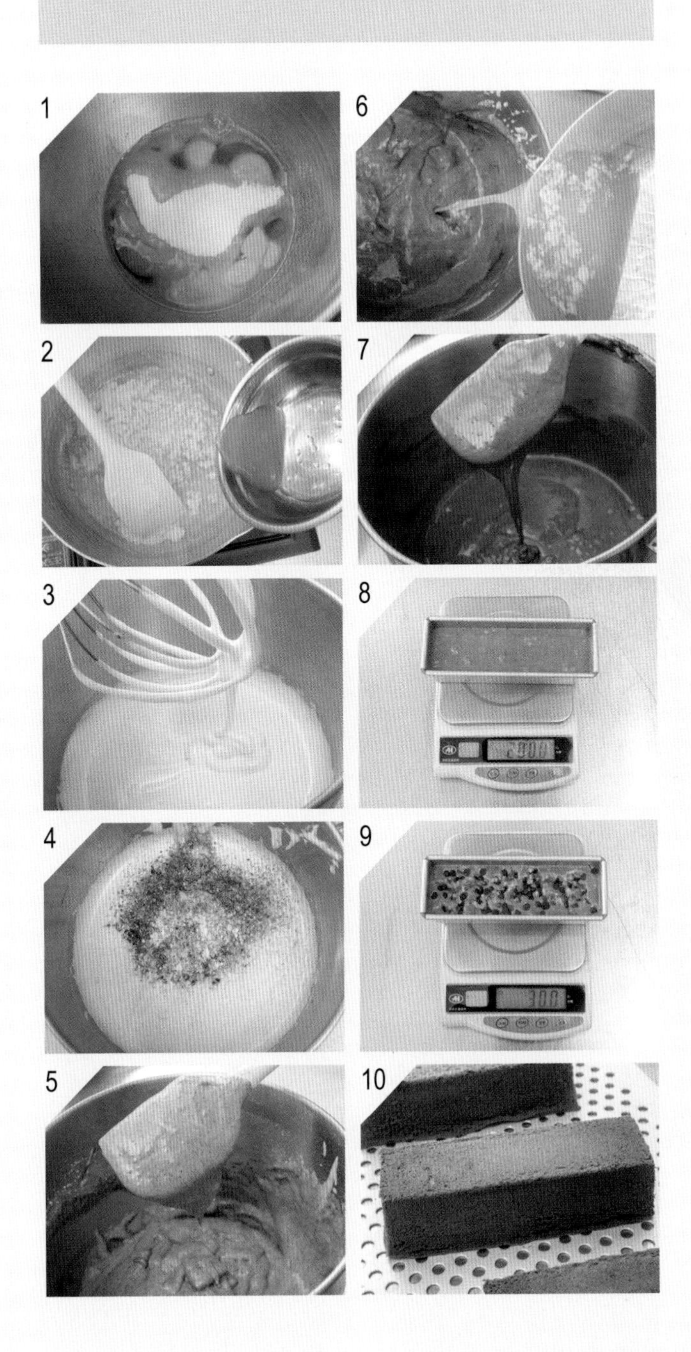

甜塔

甜点装饰有时候就该奢侈点，有如繁星的糖霜榛果、一层层绵密的杏仁馅，恨不得就此与它们永远缠绵。细心的人最能体会生活中的小确幸，一口甜塔、一口茶，虽不比热恋中爱人的黏腻，却是最顺口的滋味。

栗子蒙布朗杏仁奶油塔

新鲜水果杏仁奶油塔

榛果牛奶巧克力塔
黑糖蓝莓杏仁奶油塔
莓果巧克力杏仁奶油塔

塔皮制作

原味塔皮材料

无盐黄油	165g	盐	2g
低筋面粉	275g	蛋黄	35g
砂糖	10g	动物性稀奶油	55g

可可塔皮材料

无盐黄油	165g	盐	2g
低筋面粉	260g	蛋黄	35g
可可粉	15g	动物性稀奶油	55g
砂糖	10g		

抹茶塔皮材料

无盐黄油	165g	盐	2g
低筋面粉	275g	蛋黄	35g
抹茶粉	8g	动物性稀奶油	55g
砂糖	10g		

吕老师知识 +

因为塔皮需要经过捏制的步骤，所以在此之前一定要先冷藏至少 1 小时，目的是让塔皮的中心温度下降至 4~6℃，如此一来，在整形与塑形的过程中，奶油才得以被控制在低温的状态下。而捏塑塔皮最理想的温度是 10~12℃，若塔皮温度超过 26℃，容易产生出油反应。至于冷藏的时间，静置一夜的效果最好，倘若时间太短、松弛不足，面筋得不到足够的休息，容易重新再聚合起来，塔皮捏制的时候就会发生收缩的现象。

制作方法

1. 无盐黄油、砂糖、盐打稍发。
2. 加入蛋黄拌匀，再加入动物性稀奶油搅拌均匀。
3. 过筛的低筋面粉倒入步骤 2 成品中搅拌均匀，放置塑料袋中整形成 21 厘米 x21 厘米正方形，冷藏后备用。
4. 使用前先判断面团软硬度，然后分割成所需的重量 (图 1)。
5. 稍微压软后整形成圆形，蘸少许面粉后放在模型内，均匀压平 (图 2、3)。
6. 切掉多余的面团，在底部叉洞，冷藏松弛 (图 4、5)。

1

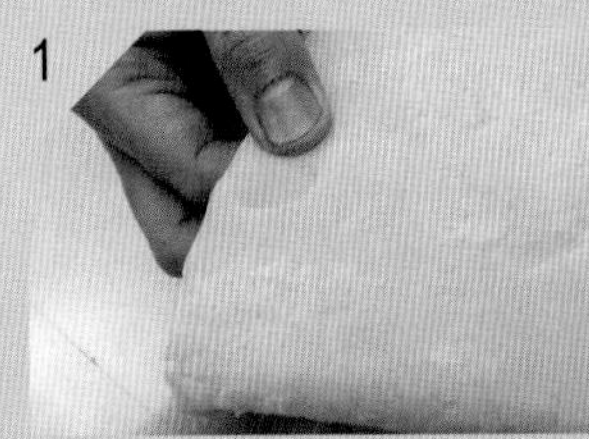

4

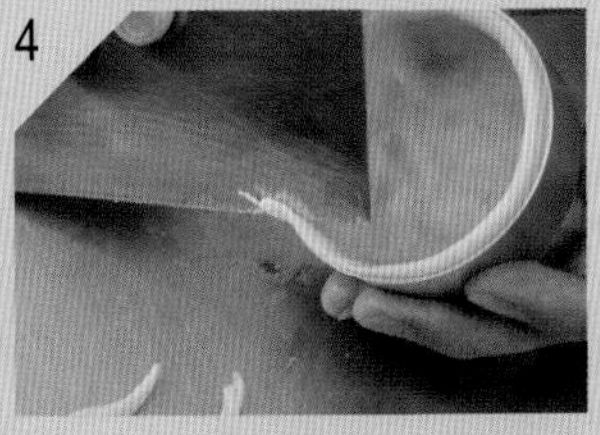

2

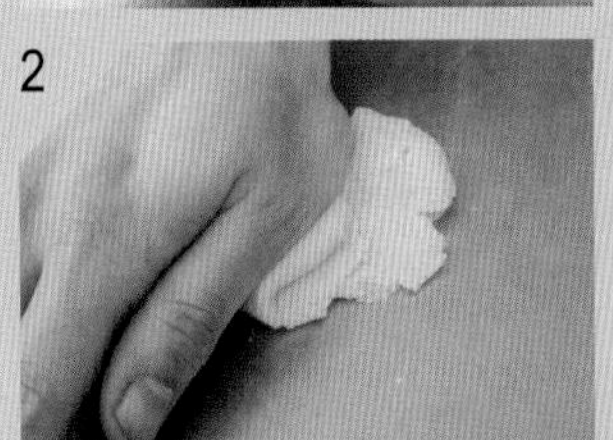

5

3

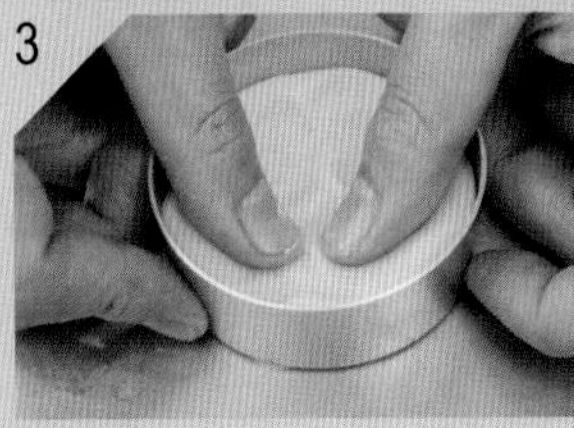

杏仁奶油馅制作

提示

杏仁奶油馅是甜点中常见的基础馅料，奶油馅中充满杏仁的香气、丰富的口感、非常适合搭配在塔与派之中。

吕老师知识+

黄油是从牛奶当中提炼出来的，在烘焙领域中是很重要的基础食材，一般分为有盐黄油和无盐黄油两种。一般的黄油会在18~20℃下软化成可以涂抹的状态，所以日常必须于冰箱中冷藏存放。

材料

无盐黄油	180g
砂糖	140g
鸡蛋	120g
杏仁粉	180g

制作方法

1 常温鸡蛋、糖、杏仁粉搅拌均匀(图1)。

2 加入软化的无盐黄油后，再打发均匀即可(图2、3)。

1
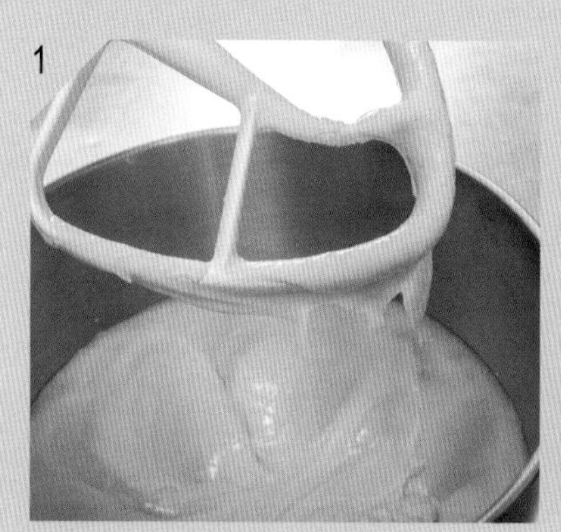

2
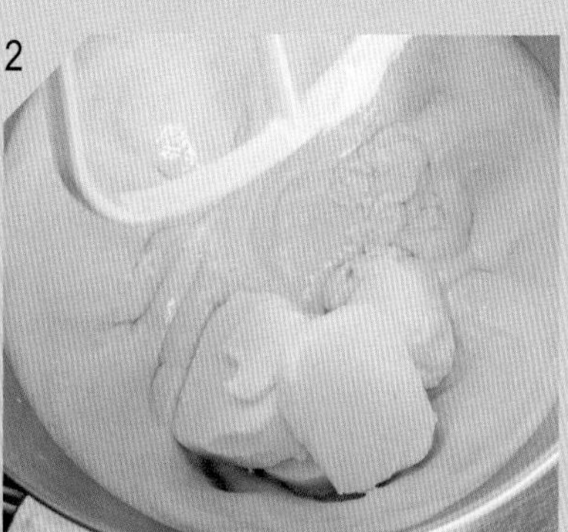

3

栗子蒙布朗杏仁奶油塔

蒙布朗的法文是 Mont Blanc，这是阿尔卑斯山脉最高峰白朗峰的名字，因此，它象征着甜点的最高峰！希望用这道甜点，带领读者进入更美味的烘焙世界。

难易度：★★
份量：6 英寸（15 厘米）深塔模 1 个
保存：冷藏 4 天
模具：6 英寸（15 厘米）深塔模
烘烤温度：上火 170℃，下火 170℃
烘烤时间：35~38 分钟

材料

可可塔皮	220g
杏仁奶油馅	180g

装饰

糖渍栗子	适量

蒙布朗馅材料

法国栗子泥	300g
无盐黄油	90g
鲜奶油香缇	90g

(做法请参见第 112 页)

制作方法

1 法国栗子泥、无盐黄油拌匀，加入鲜奶油香缇搅拌后即完成蒙布朗馅(图 1、2)。
2 取可可塔皮 220g，整圆擀平放到深塔模内，底部戳洞(图 3)。
3 将 180g 杏仁奶油馅填入塔皮中(图 4)，以上火 170℃下火 170℃烘焙 35~38 分钟。
4 将蒙布朗馅挤在烤熟冷却的塔上，中心点放糖渍栗子做装饰即可(图 5)。

1
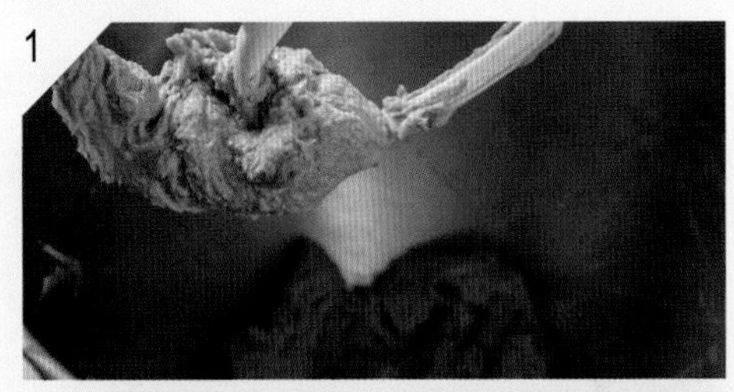

2
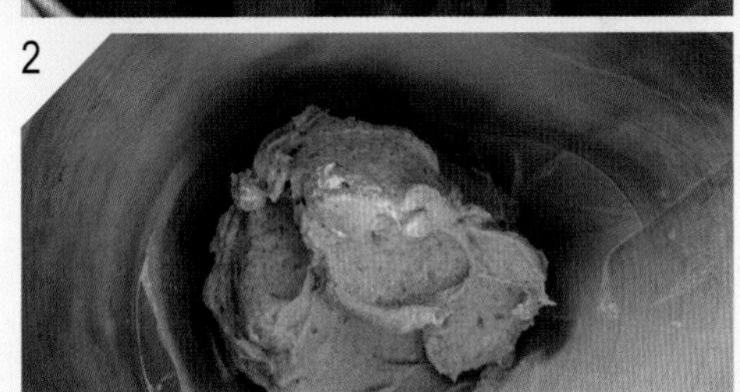

3

4

5

新鲜水果杏仁奶油塔

难易度：★★
份量：1个
保存：冷藏4天
模具：6英寸（15厘米）活动派盘
烘烤温度：上火170℃，下火170℃
烘烤时间：30~35分钟

提示

当令的新鲜水果皆可运用，例如春天的桑椹、枇杷，夏天的蓝莓、芒果，秋天的火龙果、梨子，冬天的草莓、柳橙等。

材料

原味塔皮	180g
杏仁奶油馅	130g
蔓越莓干	20g
柑橘丁	20g
纯糖粉	适量

装饰

新鲜水果	适量

1

2

3

4

制作方法

1 取原味塔皮180g，整圆擀平放到塔模内，底部戳洞后填入130g杏仁奶油馅(图1)。
2 放上蔓越莓干及柑橘丁，再撒上纯糖粉(图2、3)。
3 以上火170℃下火170℃烘焙30~35分钟(图4)。取出放凉后以新鲜水果点缀即可。

榛果牛奶巧克力塔

难易度：★
份量：1个
保存：冷藏4天
模具：15厘米法式塔模
烘烤温度：上火170℃，下火170℃
烘烤时间：30~35分钟

材料

可可塔皮	200g
杏仁奶油馅	100g

焦糖榛果材料

榛果粒	200g
砂糖	50g
二砂糖（黄砂糖）	适量

装饰

焦糖酱	适量
牛奶巧克力慕斯	80g

（做法请参见第36页）

焦糖榛果制作方法

1 榛果粒以上火150℃下火150℃烘焙10分钟。

2 砂糖加热至融化，再加入榛果粒拌炒到焦化后，倒在铺有二砂糖的盘内冷却备用（图1、2）。

整体制作方法

1 取可可塔皮200g，整圆擀平放到塔模内，底部戳洞后填入100g杏仁奶油馅。

2 以上火170℃下火170℃烘焙30~35分钟，冷却备用。

3 将80g牛奶巧克力慕斯填入塔中，冷冻至凝固，再均匀铺上焦糖榛果。

4 用焦糖酱作线条装饰于表面即可（图3）。

1

2

3

黑糖蓝莓杏仁奶油塔

古朴的乡村甜点，没有华丽的装饰，
一切是那么自然、单纯，我们的生活
也是如此吧……

难易度：★
份量：1个
保存：冷藏4天
模具：15厘米法式塔模
烘烤温度：上火170℃，下火170℃
烘烤时间：30~35分钟

材料

原味塔皮	200g
杏仁奶油馅	150g
新鲜蓝莓	30g
蓝莓干	50g
黑糖酥菠萝	20g

（做法请参见第35页）

装饰

纯糖粉	适量

制作方法

1 取原味塔皮200g，整圆擀平放到塔模内，底部戳洞后填入100g杏仁奶油馅，抹平(图1、2、3)。

2 铺上新鲜蓝莓与蓝莓干，表面撒上黑糖酥菠萝(图4、5)。

3 以上火170℃下火170℃烘焙30~35分钟。冷却脱模后，在框边撒上少许纯糖粉装饰即可(图6)。

1

2

3
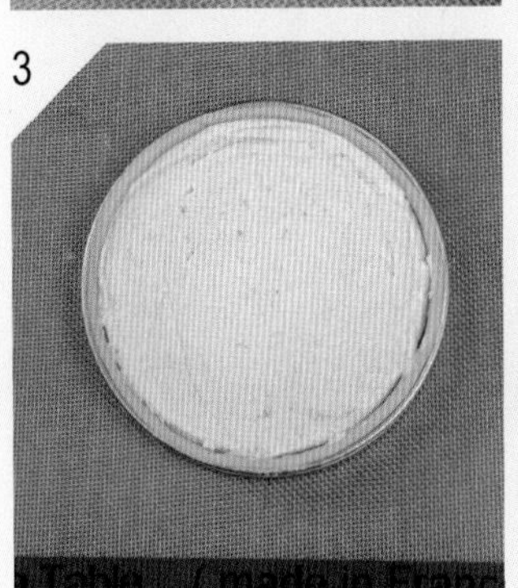

4

5

6

同时品尝甜塔、慕斯、季节水果，
有如交响乐的好滋味。

莓果巧克力杏仁奶油塔

难易度：★★
份量：1个
保存：冷藏4天
模具：15厘米法式塔模
烘烤温度：上火170℃，下火170℃
烘烤时间：30~35分钟

材料

抹茶塔皮　200g
杏仁奶油馅　100g
巧克力慕斯　适量
（做法请参见第36页）

装饰

可可粉　适量
新鲜水果　适量
红曲酥菠萝　适量
（做法请参见第35页）

制作方法

1 取抹茶塔皮200g，整圆擀平放到塔模内，底部戳洞后填入100g杏仁奶油馅（图1、2）。

2 以上火170℃下火170℃烘焙30~35分钟，冷却备用。

3 将巧克力慕斯挤成水滴状填入塔中，冷冻至凝固（图3、4）。

4 撒上可可粉，放上水果与适量的红曲酥菠萝即可（图5）。

1

4

2

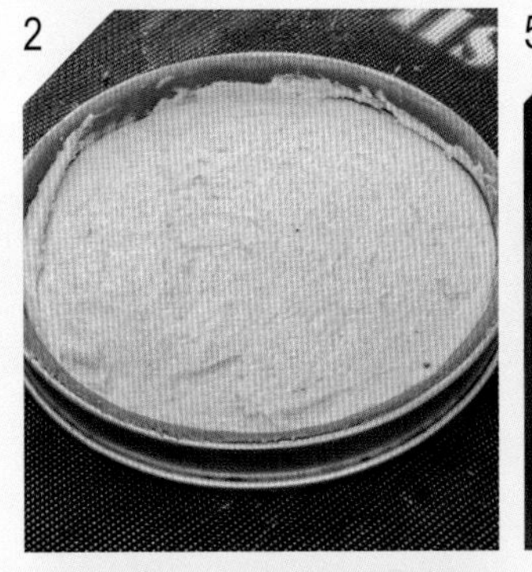

5

3

焦糖榛果巧克力塔
镜面生巧克力塔
生巧克力塔
焦糖巧克力塔
盐之花焦糖核桃塔

小蒙布朗巧克力塔
蔓越莓夏威夷豆塔
覆盆子巧克力塔
法式柠檬塔

法式柠檬塔

难易度：★★
份量：1个
保存：冷藏4天
模具：直径7厘米，高2.5厘米直角小圆模
烘烤温度：上火170℃，下火170℃
烘烤时间：20~25分钟

材料

原味塔皮	40g
杏仁奶油馅	15g
柠檬奶油馅	适量

柠檬奶油馅材料

柠檬皮	1颗
柠檬汁	200g
砂糖	200g
鸡蛋	300g
无盐黄油	100g

制作方法

1 取原味塔皮40g，整圆擀平放到直角小圆模内，底部戳洞后填入15g杏仁奶油馅(图1、2)。
2 以上火170℃下火170℃烘焙20~25分钟，冷却备用。
3 将柠檬奶油馅填入塔中即可(图3、4)。

1

2

3
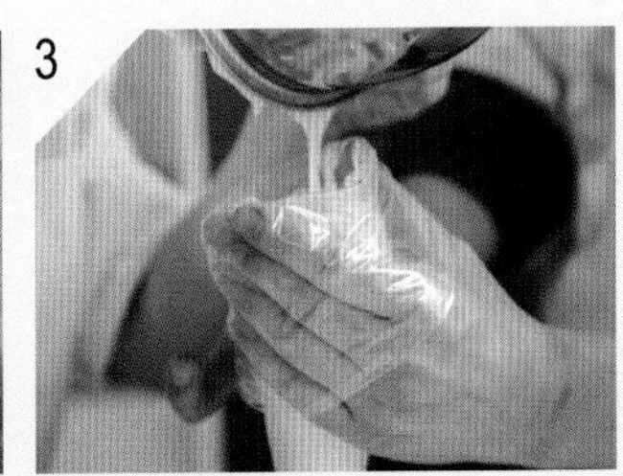
4

柠檬奶油馅制作方法

1 将鸡蛋、柠檬汁、柠檬皮、砂糖搅拌均匀后加热至浓稠，温度83~85℃(图1、2)。
2 再将无盐黄油加入，并且隔着冰水搅拌至滑顺光亮(图3)。
3 将柠檬奶油馅过筛，继续隔冰水搅拌至浓稠状即可。

1

2
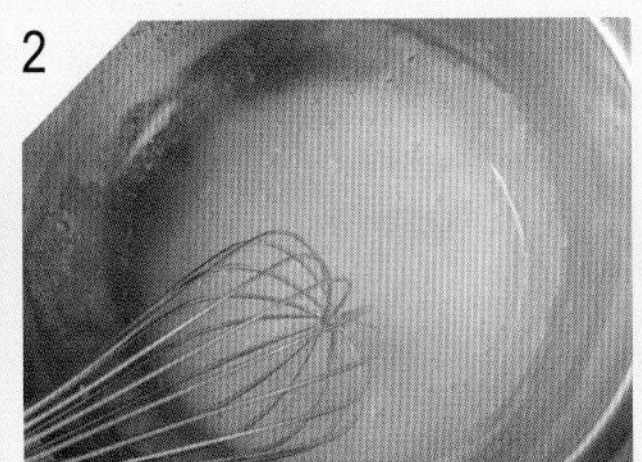
3
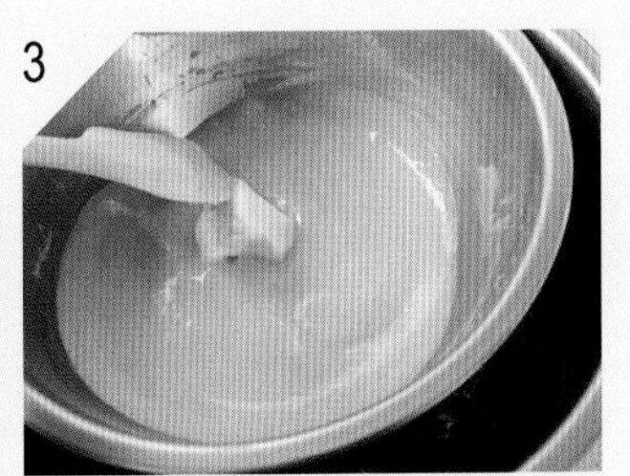

盐之花焦糖核桃塔

难易度：★★
份量：1个
保存：冷藏4天
模具：直径7厘米、高2.5厘米直角小圆模
烘烤温度：上火170℃，下火170℃
烘烤时间：20~25分钟

吕老师知识+

盐之花（Fleur de sel）指的是法国顶级海盐，只有在特定产地和时间，在风与太阳的巧妙合作下，每50平方米的盐田才能结晶出不到500克的盐之花，因为只能以传统手工采收，也就格外珍稀珍贵。因为没有和泥土接触，盐之花颜色纯白、咸味圆润轻柔，散发着好似紫罗兰花的气息，适合用于烘焙或作为煲汤时的提味。

材料图

材料

材料	
可可塔皮	40g
杏仁奶油馅	15g

装饰

装饰	
盐之花焦糖核桃馅	适量
南瓜子	适量

盐之花焦糖核桃馅材料

盐之花焦糖核桃馅材料	
核桃	200g
动物性稀奶油	40g
蜂蜜	50g
砂糖	40g
盐之花	1g
无盐淡油	30g

制作方法

1 取可可塔皮40g，整圆擀平放到直角小圆模内，底部戳洞后填入15g杏仁奶油馅(图1、2)。
2 以上火170℃下火170℃烘焙20~25分钟后冷却备用。
3 动物性稀奶油、蜂蜜、砂糖煮至焦化，加入核桃拌匀(图3、4)。
4 加入盐之花与无盐黄油搅拌均匀，成为馅料(图5)。
5 将馅料趁热放至烤熟的塔上即可(图6)。

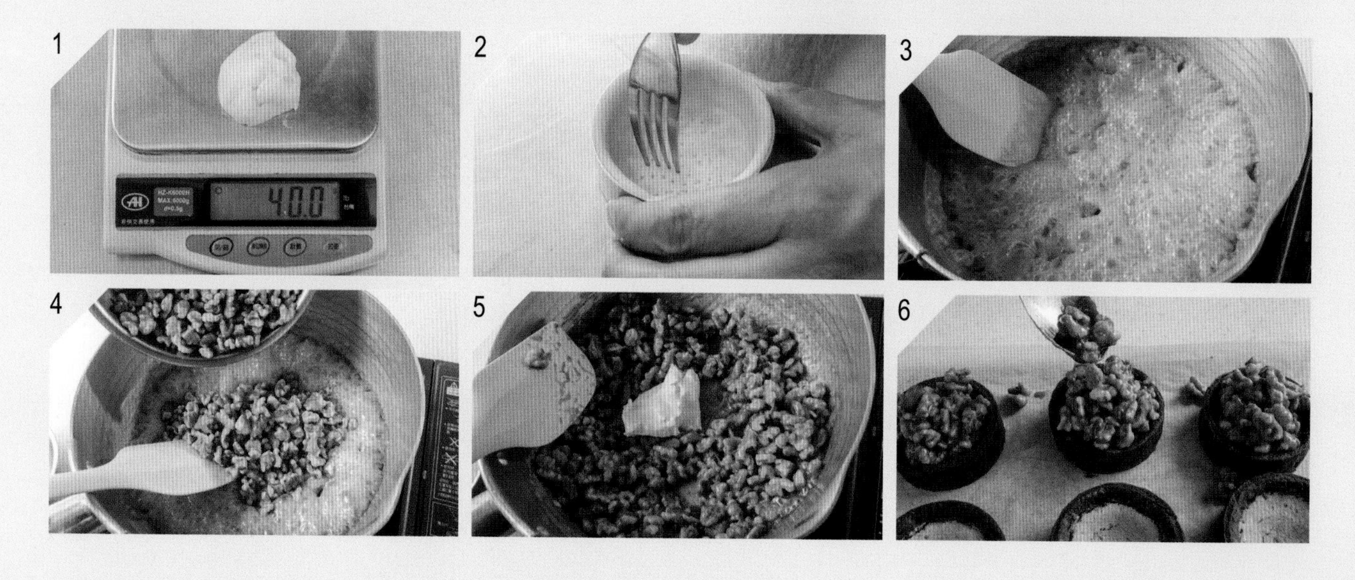

焦糖榛果巧克力塔

难易度：★★
份量：1个
保存：冷藏4天
模具：直径7厘米、高2.5厘米直角小圆模
烘烤温度：上火170℃，下火170℃
烘烤时间：20~25分钟

材料

可可塔皮 40g
杏仁奶油馅 15g
生巧克力馅 适量
焦糖榛果 适量
（做法请参见第133页）
焦糖酱 适量
（做法请参见第114页）

制作方法

1 取可可塔皮40g，整圆擀平放到直角小圆模内，底部戳洞后填入15g杏仁奶油馅。
2 以上火170℃下火170℃烘焙20~25分钟后冷却备用。
3 挤入生巧克力馅，放上焦糖榛果，画上焦糖酱即可（右图）。

蔓越莓夏威夷豆塔

难易度：★★
份量：1个
保存：冷藏4天
模具：直径7厘米、高2.5厘米直角小圆模
烘烤温度：上火170℃，下火170℃
烘烤时间：20~25分钟

制作方法

1 取可可塔皮40g，整圆擀平放到直角小圆模内，底部戳洞后填入15g杏仁奶油馅。
2 以上火170℃下火170℃烘焙20~25分钟后冷却备用。
3 鲜奶油、蜂蜜、砂糖煮至焦化，加入夏威夷豆、蔓越莓干拌匀(图1)。
4 趁热放至烤熟的塔上即可（图2）。

1

2

材料

材料	
可可塔皮	40g
杏仁奶油馅	15g

装饰

装饰	
蔓越莓夏威夷豆	
焦糖馅	适量

蔓越莓夏威夷豆焦糖馅材料

材料	用量	材料	用量
夏威夷豆	150g	砂糖	40g
蔓越莓干	50g	盐	1g
动物性稀奶油	40g	无盐黄油	30g
蜂蜜	50g		

生巧克力塔

难易度：★★
份量：1个
保存：冷藏4天
模具：直径7厘米、高2.5厘米直角小圆模
烘烤温度：上火170℃，下火170℃
烘烤时间：20~25分钟

制作方法

1 取可可塔皮40g，整圆擀平放到直角小圆模内，底部戳洞后填入15g杏仁奶油馅。

2 以上火170℃下火170℃烘焙20~25分钟后冷却备用。

3 在烤熟的可可塔上放入少许柑橘丁，倒入生巧克力馅冷藏凝固，表面再撒可可粉即完成(图1、2)。

1

2

材料

可可塔皮	40g
杏仁奶油馅	15g
生巧克力馅	适量

装饰

可可粉	适量

生巧克力馅材料

苦甜巧克力	180g
动物性稀奶油	140g
葡萄糖浆	70g

(生巧克力馅做法请参见第47页松露巧克力第1步)

覆盆子巧克力塔

难易度：★★
份量：1 个
保存：冷藏 4 天
模具：直径 7 厘米、高 2.5 厘米直角小圆模
烘烤温度：上火 170℃，下火 170℃
烘烤时间：20~25 分钟

材料

可可塔皮	40g
杏仁奶油馅	15g

覆盆子酱

覆盆子酱　适量
（做法请参见第 25 页）

装饰

生巧克力馅　适量
（做法请参见第 47 页松露巧克力第 1 步）

制作方法

1 取可可塔皮 40g，整圆擀平放置直角小圆模内，底部戳洞后填入 15g 杏仁奶油馅。

2 以上火 170℃下火 170℃烘焙 20~25 分钟后冷却备用。

3 在烤熟的可可塔上倒入生巧克力馅至八分满，冷藏凝固，再在表面淋上覆盆子酱即可（下图）。

镜面生巧克力塔

难易度：★★
份量：1个
保存：冷藏4天
模具：直径7厘米、高2.5厘米直角小圆模
烘烤温度：上火170℃，下火170℃
烘烤时间：20~25分钟

材料

可可塔皮 40g
杏仁奶油馅 15g

巧克力酱

巧克力酱 适量（做法请参见第9页）

装饰

生巧克力馅 适量（做法请参见第47页松露巧克力第1步）

制作方法

1 取原味塔皮40g，整圆擀平放到直角小圆模内，底部戳洞后填入15g杏仁奶油馅。

2 以上火170℃下火170℃烘焙20~25分钟后冷却备用。

3 在烤熟的可可塔上倒入生巧克力馅，冷藏凝固，表面再淋上巧克力酱即可。

焦糖巧克力塔

难易度：★★
份量：1 个
保存：冷藏 4 天
模具：直径 7 厘米、高 2.5 厘米直角小圆模
烘烤温度：上火 170℃，下火 170℃
烘烤时间：20~25 分钟

材料

原味塔皮	40g	焦糖酱	适量
杏仁奶油馅	15g	（做法请参见第 114 页）	
生巧克力馅	适量		

制作方法

1 取原味塔皮 40g，整圆擀平放到直角小圆模内，底部戳洞后填入 15g 杏仁奶油馅。

2 以上火 170℃下火 170℃烘焙 20~25 分钟后冷却备用。

3 在烤熟的原味塔上倒入生巧克力馅，冷藏凝固，再挤上焦糖酱即可（图 1、2）。

1

2

小蒙布朗巧克力塔

难易度：★★
份量：1 个
保存：冷藏 4 天
模具：直径 7 厘米、高 2.5 厘米直角小圆模
烘烤温度：上火 170℃，下火 170℃
烘烤时间：20~25 分钟

材料

可可塔皮	40g
杏仁奶油馅	15g
生巧克力馅	适量
蒙布朗馅	适量

（蒙布朗馅做法参见第 131 页）

装饰

糖渍栗子	1/2 粒

制作方法

1. 取可可塔皮 40g，整圆擀平放到直角小圆模内，底部戳洞后填入 15g 杏仁奶油馅。
2. 以上火 170℃下火 170℃烘焙 20~25 分钟后冷却备用。
3. 中心挤入生巧克力馅，再挤上蒙布朗馅，放上糖渍栗子装饰即可（图 1、2）。

1

2

甜派

无论是刚出炉或是冷藏过的甜派，都深受甜食主义者的喜爱。甜派的主要装饰是新鲜的水果，水果之于甜点，一如牛肉之于红酒，是最绝妙的组合。

香蕉巧克力派
焦糖核桃草莓派

派皮制作

材料

无盐黄油	200g	鲜奶	65g
高筋面粉	110g	蛋黄	10g
低筋面粉	140g	盐	5g

制作方法

1 高、低筋面粉过筛备用，奶油切丁冷藏备用（须维持一定的硬度）。

2 将全部食材搅拌均匀后冷藏松弛 3 小时。冷藏取出后，分割面团重 180g(图 1)。

3 整形成圆形后，桌上撒少许高筋面粉，将面团擀至 0.3 厘米厚（图 2)。

4 用擀面棍搓起面团移至派模中（图 3、4)。

5 均匀压平并切掉多余面团（图 5)。

6 在底部戳洞，冷藏松弛 30 分钟以上（图 6)。

焦糖核桃草莓派

难易度：★★
份量：1 个
保存：冷藏 4 天
模具：6 英寸（15 厘米）活动派盘
烘烤温度：上火 150℃，下火 230℃
烘烤时间：30~35 分钟

材料

派皮	180g
杏仁奶油馅	140g

装饰

盐之花焦糖核桃（做法请参见第 142 页步骤 3、4）	200g
新鲜草莓	适量
新鲜蓝莓	适量

制作方法

1 取出冷藏的派皮，挤入 140g 杏仁奶油馅（做法请参见第 129 页）。
2 以上火 150℃下火 230℃烘焙 35 分钟。
3 将盐之花焦糖核桃放入派中，冷却备用。
4 把切对半的草莓围在四周，再放上新鲜蓝莓粒作装饰即可。

樱桃杏仁奶油派

难易度：★★
份量：1 个
保存：冷藏 4 天
模具：6 英寸（15 厘米）活动派盘
烘烤温度：上火 150℃，下火 230℃
烘烤时间：30~35 分钟

材料

派皮	180g
杏仁奶油馅	140g
新鲜樱桃	100g
红曲酥菠萝	20g

制作方法

1 取出冷藏的派皮，挤入 140g 杏仁奶油馅（做法请参见第 129 页）（图 1）。
2 将樱桃洗净去籽，平均放入派中（图 2）。
3 表面撒上红曲酥菠萝（图 3）。
4 以上火 150℃下火 230℃烘焙 35 分钟，待凉后即完成（图 4）。

1

2

3

4

香蕉巧克力派

难易度：★★
份量：1个
保存：冷藏4天
模具：6英寸（15厘米）活动派盘
烘烤温度：上火150℃、下火230℃
烘烤时间：30~35分钟

材料		装饰	
派　皮	180g	二砂糖（黄砂糖）	10g
杏仁奶油馅	140g	肉桂粉	适量
去皮香蕉	80g	无盐黄油切片	适量
纽扣苦甜巧克力	20g		
原味酥菠萝	120g		

1
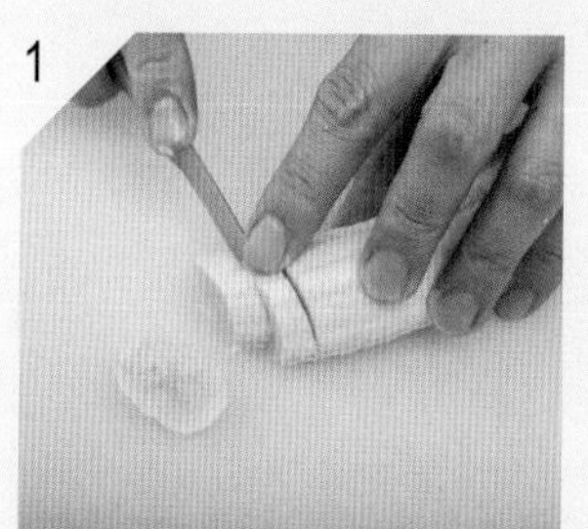

4

2

5

3

6

制作方法

1 香蕉切片约1厘米(图1)。

2 取出冷藏的派皮，挤入140g杏仁奶油馅(做法请参见第129页)(图2)。

3 平均放入纽扣苦甜巧克力，排入香蕉片(图3、4)。

4 撒上原味酥菠萝（做法请参见第35页）(图5)。

5 以上火150℃下火230℃烘焙30~35分钟，待凉后即完成(图6)。

乡村苹果派

难易度：★★
份量：1个
保存：冷藏4天
模具：6英寸（15厘米）活动派盘
烘烤温度：上火150℃，下火230℃
烘烤时间：30~35分钟

材料		装饰	
派皮	180g	二砂糖（黄砂糖）	10g
杏仁奶油馅	140g	肉桂粉	适量
苹果片	1颗	无盐黄油切片	适量

制作方法

1 苹果切片后用盐水与柠檬汁略为浸泡，以避免氧化变黑。取出冷藏的派皮，挤入140g杏仁奶油馅（做法请参见第129页）。
2 将浸泡后的苹果片平均放入派中（图1、2）。
3 放上黄油片，撒上二砂糖及肉桂粉（图3、4）。
4 以上火150℃下火230℃烘焙30~35分钟，待凉后即完成（图5）。

1

2

3

4

5

咸派

没想到点心不小心就变正餐了！咸派与甜派的内馅不同，咸派的内馅是蛋液，因此享用前记得烘烤加热！

鲑鱼帕玛森咸派

季节野菜咸派
马铃薯培根咸派

派皮制作

制作方法

1 派皮的配方和制作方法与甜派相同（请参见第 152 页）。

2 一份面团重 250g，擀平后均匀压至 8 英寸（20 厘米）派模中，戳洞厚冷藏松弛 30 分钟以上备用。

咸派蛋液制作

材料

材料	用量
动物性稀奶油	250g
鸡蛋	150g
白胡椒粉	2g
盐	1g

将动物性稀奶油、鸡蛋、白胡椒粉、盐一起搅拌均匀即可（右图）。

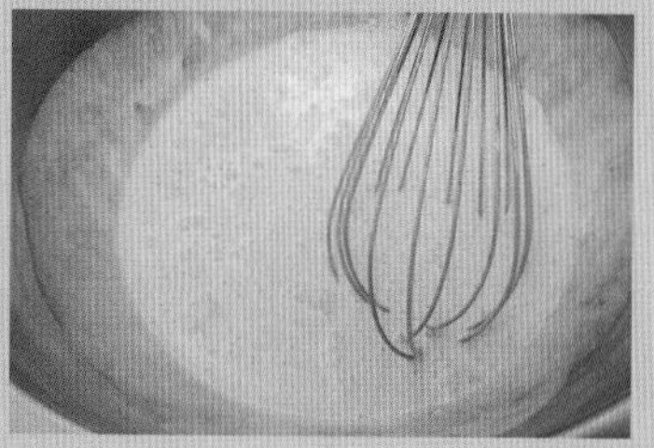

吕老师知识 +

艾曼塔奶酪（Emmental Cheese）
产地瑞士，在超市中常见，有不规则洞的便是，加热后会牵丝。

切达奶酪（Cheddar Cheese）
产地英国，市面上普遍，也是全世界使用量最大的奶酪。

帕玛森奶酪（Parmesan Cheese）
产地意大利，是硬质的，很多喜好奶酪者称它为奶酪之王。

鲑鱼帕玛森咸派

难易度：★　　活动派盘
份量：1个　　烘烤温度：上火190℃，下火230℃
保存：冷藏3天
模具：8英寸（20厘米）　　烘烤时间：35~40分钟

材料

派皮	250g	干燥洋香菜	1g
咸派蛋液	150g	玉米粒	30g
帕玛森奶酪	30g	披萨奶酪丝	40g
鲑鱼	150g	黑胡椒粒	2g
洋葱	35g		

制作方法

1 鲑鱼切小块、洋葱切丁备用。
2 将鲑鱼、洋葱、洋香菜、玉米、均匀铺在派皮中，再撒奶酪丝及黑胡椒粒（图1）。
3 倒入蛋液，以上火190℃下火230℃，烘焙35~40分钟（图2）。

1

2

季节野菜咸派

难易度：★　　活动派盘
份量：1个　　烘烤温度：上火190℃，下火230℃
保存：冷藏3天
模具：8英寸（20厘米）　　烘烤时间：35~40分钟

材料

派皮	250g	花椰菜	35g
咸派蛋液	150g	蘑菇	35g
切达奶酪	30g	干燥迷迭香	1g
甜椒	40g		

制作方法

1 切达奶酪、甜椒、蘑菇、花椰菜（汆烫过）分别切小块备用。
2 将全部材料均匀铺在派皮中（图1）。
3 倒入蛋液，以上火190℃、下火230℃烘焙35~40分钟（图1）。

1

2

马铃薯培根咸派

难易度：★　　活动派盘
份量：1个　　烘烤温度：上火190℃，下火230℃
保存：冷藏3天
模具：8英寸（20厘米）　　烘烤时间：35~40分钟

1

2

材料

派皮	250g	熟马铃薯	75g
咸派蛋液	150g	黑胡椒	1g
艾曼塔奶酪	45g		

制作方法

1 熟马铃薯、奶酪切小块、培根切小段备用。
2 将全部材料均匀铺在派皮中（图1）。
3 倒入蛋液，以上火190℃下火230℃，烘焙35~40分钟（图2）。

图书合同登记号：图字 132015074

图书在版编目 (CIP) 数据

吕老师的甜点日记 / 吕升达著 .—福州：福建科学技术出版社，2017. 7

ISBN 978-7-5335-5236-7

Ⅰ . ①吕… Ⅱ . ①吕… Ⅲ . ①甜食 - 制作 Ⅳ . ① TS972.134

中国版本图书馆 CIP 数据核字（2017）第 010507 号

书　　名　**吕老师的甜点日记**
著　　者　吕升达
摄　　影　范群浩
出版发行　海峡出版发行集团
　　　　　　福建科学技术出版社
社　　址　福州市东水路76号（邮编350001）
网　　址　www.fjstp.com
经　　销　福建新华发行（集团）有限责任公司
印　　刷　福州德安彩色印刷有限公司
开　　本　889毫米×1194毫米　1/16
印　　张　10
图　　文　160码
版　　次　2017年7月第1版
印　　次　2017年7月第1次印刷
书　　号　ISBN 978-7-5335-5236-7
定　　价　55.00元